Balázs Turán

Bänke schnitzen

mit der Kettensäge

Impressum

„Bänke schnitzen mit der Kettensäge"

Fotos und Zeichnungen:
Balázs Turán
(sofern nicht anders angegeben)

Druck: BWH GmbH, Hannover

ISBN 978-3-86630-692-9
Best.-Nr. 20710

HolzWerken
Ein Imprint von Vincentz Network GmbH & Co. KG
Plathnerstr. 4c, 30175 Hannover
www.holzwerken.net

Inhalt

Weitere Materialien kostenlos online verfügbar!

http://www.holzwerken.net/bonus

Ihr exklusiver Bonus an Informationen!
Ergänzend zu diesem Buch bietet Ihnen HolzWerken Bonus-Materialien zum Download an.
Scannen Sie den QR-Code oder geben Sie den Buch Code unter www.holzwerken.net/bonus ein und erhalten Sie kostenfreien Zugang zu Ihren persönlichen Bonus-Materialien!

Buch-Code: TE1044

Vorwort

Mit diesem Buch gebe ich Ihnen eine Anleitung an die Hand, die es Ihnen ermöglicht, eine Bank zu schnitzen und zusammenzubauen. Der Fokus liegt dabei weniger auf dem Schnitzen der Skulpturen, als auf der Konstruktion der Bank, dem Schnitzen der konstruktiven Elemente und dem Zusammenbau der Bank. Davor gebe ich Ihnen eine Einführung in die technischen und handwerklichen Aspekte des Kettensägeschnitzens.

Eine Sitzbank mit mehreren Figuren ist schon ein anspruchsvolleres Projekt. Diejenigen unter Ihnen, die mit dem Schnitzen begonnen haben, möchte ich motivieren, an Ihren Projekten zu wachsen, und Sicherheit bei der Konstruktion geben. Gleichzeitig zeige ich Ihnen, mit welchem Werkzeug ich arbeite Als ich mit dem Schnitzen anfing, war die Werkzeug-Frage für mich die Brennendste. Mit welchem Werkzeug erziele ich welche Ergebnisse? Welches Werkzeug brauche ich wirklich?

Fortgeschrittene Schnitzer finden in diesem Buch einen detaillierten Einblick in meine Art des Bänkeschnitzens und eine mögliche Inspirationsquelle für ihr nächstes Projekt.

Sie werden merken, dass es ein paar erfolgskritische Stellen beim Schnitzen einer Bank gibt, die starken Einfluss darauf haben, ob die Bank bequem ist und Ihre Arbeit aussieht, wie gewollt, aber nicht gekonnt. Als gelernter Tischler ist es mein höchster Anspruch an meine und Ihre Arbeit, dass sie aussieht wie gewollt und gekonnt. Bänke sind Möbelstücke. Und ein Möbelstück muss nicht nur ein gutes Design aufweisen, damit es gefällt. Das Möbelstück gibt auch Auskunft über die handwerklichen Fähigkeiten desjenigen, der die Bank gebaut hat. Daher zunächst einige allgemeine Empfehlungen, die mir selber sehr geholfen haben.

Gehen Sie so oft wie möglich auf Schnitzveranstaltungen, um sich ein Bild davon zu machen, wie andere Säger arbeiten, welche Werkzeuge zum Einsatz kommen und welche Schnitztechniken angewendet werden. Natürlich auch, um Kontakte zu knüpfen und sich Inspiration zu holen.Und wenn Sie hingehen, vergessen Sie Ihren Gehörschutz nicht! (vgl. S. 22)

Fangen Sie an zu sägen! Und sägen Sie, so oft Sie können. Sie werden feststellen, dass die Beschäftigung mit den Formen und Details Ihrer Wunschmotive Ihr Auge schärft und sich Ihre Wahrnehmung plötzlich ändert. Wenn Sie zum Beispiel einen Raben schnitzen möchten, suchen Sie sich Bilder im Netz und studieren diese. Aber Sie werden ab dem Zeitpunkt auch sehr genau hinschauen, wenn Sie einen echten Rabe sehen und die Details studieren, die Ihnen noch nicht geläufig sind. Natürlich erkennt jeder einen Raben, wenn er ihn sieht. Aber ihn detailliert zu beschreiben, ist eine ganz andere Herausforderung. Oder können Sie aus dem Kopf sagen, wie die Nasenlöcher beim Raben aussehen oder ob die Augen auf den Kopf „aufgesetzt" sind oder in Augenhöhlen sitzen? Und wenn in den Augenhöhlen, dann wie tief?

Das erste Mal ist mir dieser veränderte Blick auf die Umwelt an mir selbst aufgefallen, als ich mit 17 in die Foto AG in der Schule eingetreten bin. Da ich von dem Zeitpunkt an ständig auf Motivsuche war, sind mir plötzlich Dinge in meiner Umgebung aufgefallen, an denen ich bis dahin Jahre lang vorbeigelaufen bin, ohne sie zu registrieren. Ich hatte einfach keinen Blick für Details.

Seien Sie nicht so streng mit sich – besonders wenn das Sägen noch neu für Sie ist. Wir alle haben klein angefangen und entwickeln uns. Und auch ich möchte mich beim Schnitzen noch in so vielen Gebieten entwickeln, es gibt noch so viel zu lernen. Finden Sie heraus, wo Ihre Stärken und Schwächen liegen und konzentrieren Sie sich zunächst auf Ihre Stärken. Ihre anfänglichen Schwächen verbessern sich dabei dann automatisch, Sie haben aber mehr Spaß dabei.

Jeder von uns hat irgendwann mal mit dem Sägen angefangen und wir alle mussten viel üben und viele Pannen hinnehmen. Aber aus meinen Pannen habe ich immer sehr viel gelernt für das nächste Projekt. Beim Schnitzen stehen Sie vor einer doppelten Herausforderung: zunächst einmal geht es hier um „bildende Kunst". Eine Redewendung, die mir bis heute gut in Erinnerung ist, persifliert die Herausforderung der Bildenden Kunst ein wenig. „Bildhauerei ist ganz einfach: wenn Du z. B. einen Löwen machen möchtest,

nimmst Du alles weg, was nicht nach Löwe aussieht". Das trifft prinzipiell den Nagel auf den Kopf!
Die zweite Herausforderung ist der Umgang mit dem Werkzeug Kettensäge. Es braucht seine Zeit, bis man das Werkzeug beherrscht und zusätzlich auch die grundlegenden Schnitz-Techniken kennt. Sie sollten das Werkzeug führen und nicht das Werkzeug Sie.

Und ganz ehrlich, was ist schon perfekt? Es gibt nicht nur „die eine Grundform" für eine Skulptur. Es gibt natürlich Elemente, die eine Form charakteristisch ausmachen. Anhand dieser Grundformen erkennt man auch leicht, was es werden soll. Nehmen wir zum Beispiel einen Wolf: ein Wolf hat eine lange und gerade Schnauze. Es hat gedauert, bis ich das begriffen hatte!! Vorher erinnerten meine Skulpturen an Bären, Füchse, Hunde oder Mischgestalten, aber eher weniger an Wölfe. Wenn Sie die Schnauze beim Wolf zu spitz zulaufen lassen, bekommen Sie einen Fuchs. Wenn der Kopf zu rund und zu massig ist, kommt eher ein Bär dabei raus. Es geht nur übers ausprobieren und üben und schnitzen und Details studieren und üben, üben, üben!

Das bedeutet nicht, dass das auch immer klappt. Besonders wenn ich eine neue Form ausprobiere, ist es so, dass ich mich erst an die Grundform herantasten muss. Ebenso oft kommt es auch vor, dass ich einen Stand erreiche, der mir am nächsten Tag schon nicht mehr gefällt und ich nacharbeite. Ich lasse die Form auf mich wirken. Das meine ich, wenn ich sage, dass Sie in Kommunikation mit der Skulptur gehen sollen. Lassen Sie die Skulptur auf sich wirken und schauen Sie, was sie mit Ihnen macht bzw. in Ihnen auslöst.

Ich habe bei mir festgestellt, dass ich es einfach nicht schaffe, realitätsnahe Skulpturen zu schnitzen. Ich habe für mich herausgefunden, dass ich eher der „Comic-Säger" bin, mit einem Hang zum Phantastischen. Das heißt, dass meine Skulpturen Comic-hafte Übertreibungen haben wie z. B. einen zu großen Kopf oder verzerrte Gesichtsausdrücke. Bei mir gibt es Blumen und Pflanzen, die an Originale aus der Natur nur erinnern (wenn überhaupt) und so weiter. Es ist nicht mehr mein Anspruch, perfekt realitätsnahe Skulpturen zu fertigen. Meine Skulpturen sind deshalb aber nicht weniger perfekt. Ich habe meinen Stil gefunden, mit dem ich mittlerweile sehr glücklich und zufrieden bin und entwickle diesen. Das war für mich ein sehr wichtiger Schritt, denn damit habe ich aufgehört, ständig der lebensnahen Perfektion hinterherzulaufen.

Bei all dem wäre es wünschenswert, dass Sie irgendwann Ihren eigenen Stil finden. Der wird nicht jedem gefallen, das muss er aber auch nicht. Hauptsache ist, dass Sie Spaß haben und das Ergebnis Ihnen gefällt.

Viel Erfolg!

Vorüberlegungen

Motivwahl am Beispiel der Bank

Das Ihnen zur Verfügung stehende Stammholz bestimmt die Möglichkeiten des Motivs. Haben Sie Holz in ausreichender Dicke und Länge für eine Bank mit Lehne vorrätig, dann können Sie aus den Vollen schöpfen. Seien Sie kreativ und schnitzen Sie, worauf Sie Lust haben. Lassen Sie sich auch gerne von anderen Sägern und deren Werken inspirieren. Das Internet ist hier eine schier unerschöpfliche Quelle der Inspiration. Nutzen Sie diese! Sie werden staunen, was alles möglich ist. Beachten Sie bitte bei der Motivwahl nur, dass Sie für eine Bank mit eingeschnittener Lehne – wie in diesem Buch beschrieben – genug Holz für die Lehne stehen lassen müssen und auch die Sitzfläche noch genug Platz im Pfosten haben sollte.

Dann sollten Sie sich auch überlegen, wie Sie die Sitzfläche und die Lehne in den Skulpturen verankern möchten. Ich schneide in der Eulenbank Zapfen an die Sitzflächen-Bohle und arbeite entsprechende Zapfenlöcher in den Pfosten aus. Die Lehne wird auch eingeschnitten und später mit stabilen Schrauben verschraubt. Die Lehne hält die beiden Pfosten zusammen, sodass Sie nicht zwingend auch die Sitzfläche in den Pfosten verankern müssen. Das ist aber auch immer eine Stabilitätsfrage, die Sie sich final beantworten können, wenn Sie die Bank fertig haben und aufstellen. Ein Metall-Winkel ist schnell im nicht sichtbaren Bereich unterhalb der Sitzfläche angebracht. Egal für welche Art der Befestigung Sie sich entscheiden, ich würde immer lösbare Verbindungen wählen und weder die Lehne noch die Sitzfläche einkleben. Irgendwann möchten Sie die Bank vielleicht ja auch wieder abbauen.

Weshalb schneiden wir überhaupt einen Zapfen an und schneiden nicht einfach die Bohle in die Pfosten ein, wie sie ist? Der Zapfen hat den Vorteil, dass Sie gerade Kanten am Zapfenloch haben und die Brüstung des Zapfens später das Zapfenloch seitlich verdeckt. Das wiederum sieht sehr sauber und professionell aus: gewollt und auch gekonnt eben. Wenn Sie die Bohle als Ganzes einschneiden möchten, brauchen Sie erstens genug Fleisch im Pfosten und müssen zweitens das gesamte Zapfenloch rundherum sehr sauber ausarbeiten. Ein unsauberes Zapfenloch sieht auf Dauer einfach nicht schön aus. In meinem Löwenbankbeispiel (s. S. 63) habe ich keinen Zapfen angeschnitten. Dafür habe ich auf der linken Seite die Bohle so gestaltet, dass die Bohle das Zapfenloch verdeckt. Am rechten Pfosten musste ich sauber arbeiten.

Modelle als Schnitzvorlage

Zeichnungen, Bilder, gekaufte 3-D-Modelle, selbstgefertigte Modelle aus Ton oder geschnitzte Modelle oder Schnitzvorlagen: es stehen Ihnen viele Möglichkeiten zur Verfügung, sich mit Ihrem Motiv auseinanderzusetzen.

Abb. 1: Figuren als Modelle

Dreidimensionale Modelle bringen es mit sich, dass Sie sich ausführlich mit Ihrem Motiv beschäftigen können. Sie können jedes Detail am Modell erkunden, das Modell drehen und wenden und so jede Ansicht genau studieren. Zusätzlich können Sie Ihr Modell auch ganz einfach mit an den Schnitzplatz nehmen und immer mal wieder einen Blick drauf werfen und aus allen Perspektiven mit Ihrer aktuellen Arbeit vergleichen. Das sind die entscheidenden Vorteile von 3D Modellen gegenüber Fotos bzw. Bildern. Und Sie werden feststellen, dass es gar nicht so einfach ist, Ihr Motiv aus allen nötigen Perspektiven als Foto oder Bild zu bekommen.

Schleich-Figuren® sind wunderbare 3-D-Modelle. Die Figuren sind sehr detailliert, es gibt viele Varianten einzelner Modelle und sie sind relativ günstig. Wer sich Motive als Vorlage auf Papier ausdruckt, hat immer das Problem, die Blätter zu befestigen und gegen Wind und Regen zu schützen. Wer also nicht selber Modelle schnitzen oder aus Ton fertigen möchte, hat hier eine gute Alternative.

Die Beschäftigung mit Skizzen oder Zeichnungen Ihres Motivs als Vorbereitung zum Schnitzen möchte ich Ihnen auf jeden Fall empfehlen. Es gibt wunderbare Bücher, in denen Sie an das Zeichnen und skizzieren von Tieren herangeführt werden. Dadurch können Sie die wesentlichen Grundformen Ihres Motivs lernen.

Haben Sie keine Angst davor, Ihr Motiv zu skizzieren und zu zeichnen. Diese Übung unterstützt Sie bei der Beschäftigung mit den Grundformen des Motivs und sensibilisiert Sie für Details. Dabei kommt es überhaupt nicht darauf an, ein Motiv perfekt zeichnen zu können. Lassen Sie sich auch nicht davon entmutigen, wenn die ersten Zeichnungen eher wenig Ähnlichkeit mit dem Original haben und in Ihren Augen vielleicht missglückt sind. Auch Zeichnen möchte gelernt werden und auch hier ist noch kein Meister vom Himmel gefallen. Meine Zeichnungen haben heute immer noch mehr Ähnlichkeit mit verunglückten Experimenten als mit einer schönen Motivskizze. Als gelernter Tischler ist es für mich nach wie vor das Schlimmste, wenn meine Arbeiten unter dem Prädikat „gewollt, aber nicht gekonnt" stehen – das gilt auch für Zeichnungen.

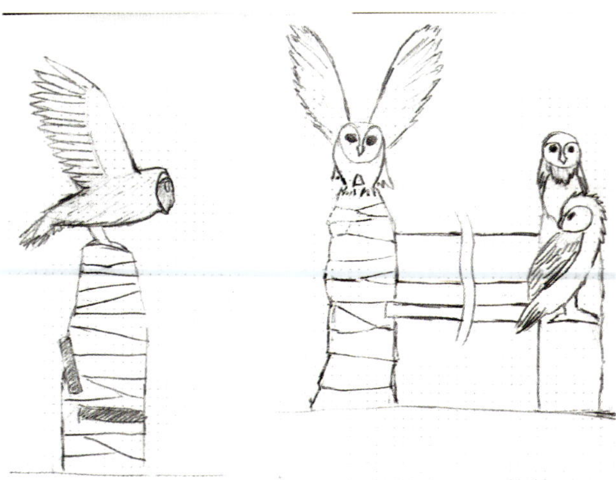

Abb.2: meine Skizze der Bank

Abbildung 2 zeigt meine Skizze der Eulenbank. Ich hatte es mir damals in einem Restaurant am Tresen bei einem Bier bequem gemacht und losgezeichnet. Das Ergebnis habe ich noch am gleichen Abend abfotografiert und so an den Kunden per WhatsApp zur Freigabe geschickt. Diese Skizze ist in meinen Augen keinesfalls besonders gelungen. Sie diente einzig und allein dazu, meinem Kunden eine Vorstellung dessen zu geben, wie ich mir die Bank vorstelle und so in die Diskussion einzusteigen. In der Regel hat der Kunde noch Anpassungswünsche bzw. ganz eigene Vorstellungen von seiner Bank. Gleichzeitig helfen Sie Ihrem Kunden auch enorm, wenn Sie einen Vorschlag zeichnen, auf dessen Grundlage man dann ich die detailliertere Abstimmung einsteigen kann. Die meisten Menschen tun sich einfach schwer damit, sich ein Motiv detailliert vorzustellen, geschweige denn dieses zu beschreiben. Rechnen Sie damit, dass Sie als erstes Briefing vom Kunden lediglich gesagt bekommen wie: „etwas mit Eulen". Der Rest liegt dann bei Ihnen!

Haben Sie auch hier keine Angst vor Kritik oder „Verriss" des Vorschlags durch den Kunden. Sobald der erste Vorschlag auf dem Tisch liegt, kann man daran arbeiten, bis der Kunde zufrieden ist. Lieber so, also dass Sie die Bank fertig schnitzen und sie Ihrem Kunden nicht gefällt. Damit ist dann niemandem geholfen.

Je mehr Sie sich also im Vorfeld mit Ihrem Motiv beschäftigen, desto größer die Chance, dass Sie mit Ihrem Schnitzergebnis zufrieden sind. Aber auch das ist natürlich gerade am Anfang kein Garant dafür, dass Sie gleich mit dem ersten Schnitzprojekt ein echtes Highlight zaubern. Die Details des Motivs zu kennen, ist ja nur die halbe Miete. Was also auch immer dabei herauskommt, nehmen Sie es mit Humor, verbuchen Sie es unter „Erfahrung" und lernen Sie daraus für das nächste Projekt. Zum Beispiel resultierte mein erster Versuch, einen Adler mit erhobenen Schwingen zu schnitzen, in einem Gockel, der „Hände hoch" macht! Was hatte ich Spaß mit diesem Vogel!

Neben dem Zeichnen können Sie Ihr Motiv auch selber in kleinem Maßstab schnitzen oder aus Ton modellieren. Gerade an langen Winterabenden, wenn es zu früh dunkel wird, um unter der Woche zum Schnitzplatz rauszufahren, habe ich gerne Modelle geschnitzt. Abbildung 3 zeigt das Modell, welches ich von dem Oberteil des linken Pfostens erstellt habe als Vorbereitung für die Eulenbank.

Selbstgeschnitzte Modelle haben den Vorteil, dass Sie sich bereits mit allen Details des Motivs beschäftigen müssen und das Motiv üben, bevor Sie die Säge anschmeißen. An selbstgeschnitzten Modellen können Sie auch gut prüfen, ob Ihr vorbereitendes Studium Ihres Motivs Früchte trägt.

Es gibt auch Schnitzvorlagen, die eine Schritt für Schritt Anleitung einzelner Schnitz-Übungen darstellen. Die abgebildeten Vorlagen zeigen Nase, Mund und Augen in verschiedenen Ausführungen.

Abb.3: Modell für die Eulenbank

Späterer Standort

Holzauswahl

Ich persönlich säge zum Großteil Skulpturen aus Eiche. Eichenkernholz ist auch ohne Oberflächenbehandlung sehr witterungsbeständig und daher für den Einsatz im Außenbereich besonders gut geeignet. Es lässt sich im noch nassen – also frischen oder „grünen" – Zustand hervorragend sägen. Meine Skulpturen stehen meistens draußen unter freiem Himmel und sind der Witterung stark ausgesetzt. Wenn Sie Ihre Bank in einem vor Wind und Wetter geschützten Bereich aufstellen, dann ist es prinzipiell egal, welches Holz Sie nehmen. Sie können Ihrer Skulptur auch eine widerstandsfähige Oberflächenbehandlung zukommen lassen, dann können Sie prinzipiell auch jedes Holz im Außenbereich nehmen. Aber bedenken Sie bei der Oberflächenbehandlung, dass diese in regelmäßigen Abständen erneuert werden muss. Das muss man schon wollen!

Abb.4: Schritt für Schritt Schnitzvorlagen

Oberflächenbehandlung

Die Oberflächenbehandlung schützt das Holz einerseits vor der Witterung, erhält aber auch die natürlichen Farben des Holzes bzw. intensiviert diese/feuert sie an. Eichenkernholz vergraut mit der Zeit nur, wenn Sie die Oberfläche nicht schützen. Buche ist im Außenbereich deutlich schlechter ohne Oberflächenbehandlung haltbar. Die Art der Oberflächenbehandlung orientiert sich also an der Holzart, ob Sie die natürliche Farbe des Holzes behalten möchten und ob Sie Lacke oder Öle bevorzugen. Eine kleine Übersicht über von mir verwendete Oberflächenbehandlungen gebe ich Ihnen in dem Kapitel Oberflächenbehandlung am Ende des Buches (S. 78).

Werkzeuge

Im folgenden Kapitel gebe ich Ihnen einen Überblick über die von mir genutzten Werkzeuge. Die Aufstellung hier ist meine persönliche Auswahl und erhebt keinen Anspruch auf Vollständigkeit. Werkzeuge kann man ja prinzipiell nie genug haben. Das schlägt natürlich mächtig aufs Budget, weshalb ich es mir zur Regel gemacht habe, immer doppelt und dreifach zu hinterfragen, ob ich ein Werkzeug tatsächlich brauche. Bevor ich mir ein neues kostspieliges Werkzeug wie z. B. ein Elektrowerkzeug oder eine Kettensäge zulege, stelle ich mir folgende Fragen:

1. Für welche Arbeit brauche ich das Werkzeug?
2. Brauche ich es wirklich?
3. Kann ich diese Arbeit auch mit einem anderen Werkzeug erledigen und dasselbe Ergebnis erzielen?

Aber auch das hat mich nicht vor Fehlkäufen bewahrt! Weiß Gott warum, aber manchmal will man(n) ein Werkzeug einfach haben!

Kettensägen

2,4 PS (siehe Abbildung 5 in der Mitte). Das war zu seiner Zeit die leistungsstärkste Carving Säge von Stihl. Der Unterschied von einer Carving Säge zu einer „normalen" Kettensäge liegt im Schwert. Die Carving läuft vorne spitz zu und hat einen sehr kleinen Radius, der es Ihnen erlaubt, fein mit der Spitze zu sägen. Gleichzeitig ist die Gefahr, dass die Säge beim Eintauchen

Bitte beachten Sie bei allen Werkzeugen, dass diese bei unsachgemäßem Einsatz schwerste Verletzungen verursachen können. Besonders wenn Sie noch nie vorher mit einer Kettensäge gearbeitet haben, empfehle ich Ihnen dringend, vorher einen Kettensägenkurs zu besuchen. Solche Kurse werden i.d.R. beim Forstamt angeboten und vermitteln die Grundlagen im Umgang mit der Kettensäge. Das wichtigste dabei ist, dass Sie einmal gezeigt bekommen, wo die „Gefahrenzonen" des Werkzeugs sind und worauf Sie achten müssen (s. S. 78).

Sie müssen wissen, wie die Kettensäge sich verhalten kann, damit Sie gewappnet sind. Ein Beispiel: wenn Sie mit der Kettensäge ins Holz „eintauchen", sollte keine Person schräg rechts hinter Ihnen stehen. Denn die Person steht dann im Gefahrenbereich. Wenn die Säge sich beim Schnitt verkantet und ausschlägt, dann steht die Person in der möglichen Flugbahn der Säge!

ausschlägt, minimal bei dem kleinen Radius (vgl. vgl Gefahrenhinweise S. 11).

Zu meiner ersten Stihl hat mir dann auch ein mehr oder weniger glücklicher Zufall verholfen. Wir hatten damals auf der Arbeit eine Vertriebs-Rallye laufen. Ziel war es, 10 Abschlüsse zu machen, als Gewinn war ein neues iPad ausgelobt. Mit dem Abschluss des 10. Vertrags habe ich meinem Chef gefragt, ob ich auch eine Kettensäge anstatt des iPads haben dürfte, mit einem iPad kann ich nicht so viel anfangen, es schneidet so schlecht Holz. So wurde ich stolzer Besitzer einer Stihl MS 201.

Relativ schnell habe ich festgestellt, dass das 30cm-Schwert der MS 201 zu kurz ist, um vernünftig arbeiten und gute Ergebnisse erzielen zu können. Zunächst dachte ich (blauäugig wie ich war), ich könnte einfach ein größeres Schwert kaufen und dann Schwert und Kette nach Bedarf wechseln. Diesen Zahn hat mir der Kettensägenhändler dann schnell gezogen. Die MS 201 ist von der Leistung her nur für ein 30 cm-Schwert ausgelegt. Kürzer geht immer, länger eher nicht, das schadet auf Dauer der Säge. Ich brauchte also eine neue Säge. Leider gab es keine Vertriebs-Rallye mehr, weshalb ich mir die Säge nun selber kaufen musste.

Meine zweite Säge war die Husqvarne 550 XP G (G steht für Griffheizung!) mit einem 50cm-Schwert. Die Säge hat 3,1 PS und damit genug Power, um starkes Holz zu sägen, und war für mich auch eine sehr gute Einsteigersäge in die Leistungsklasse. Sie merken bei den Motorsägen jede 0,1 PS Steigerung in der Leistung. Damit hatte ich meine beiden Sägen zusammen für jeden möglichen Einsatz.

Sie brauchen einfach eine Säge, mit der Sie anfangs das Holz zuschneiden, sauber entsplinten und ausblocken können. Diese Säge muss sowohl die nötige Leistung als auch ein entsprechend langes Schwert haben. Wobei man als grobe Faustregel sagen kann, dass mit der Leistung der Säge auch die Länge des Schwerts steigt (oder umgekehrt). Das ist soweit dann auch ganz logisch, denn je dicker das Holz ist, das Sie schneiden möchten, desto stärker muss die Säge sein.

Entsplinten:

Viele Holzarten haben helleres Splintholz und dunkles Kernholz (z. B. Kiefer, Douglasie, Eiche). Das Splintholz ist in der Regel weniger gut Witterungsbeständig und anfälliger für Pilz und Insekten- oder Schädlingsbefall. Aus diesem Grund schneidet man bei der Eiche den hellen Splint ab. Der Splint bei der Eiche ist in der Regel auch nicht besonders dick, sodass dies kein Problem darstellt und Sie noch genug Holz zum Schnitzen übrighaben.

Achten Sie beim Entsplinten (sie auch Kapitel Entsplinten) darauf, dass Sie beim Sägen immer zur Rinde stehen und nicht zum frisch entsplinteten Stamm. Wenn Sie den ersten Schnitt links setzen, dann drehen Sie sich für alle weiteren Schnitte gegen den Uhrzeigersinn. Wenn Sie den ersten Schnitt rechts setzen, dann drehen Sie sich im Uhrzeigersinn (siehe auch Bild 3/Kapitel Entsplinten).

Warum? Weil Sie damit die Kette schonen! In der Rinde sind Dreck und Steine verborgen. Wenn Sie also immer zur Rinde stehen, dann läuft die Unterseite der Kette immer durch frisches Holz (bis auf den ersten Schnitt) und erwischt mögliche Steine nur dann, wenn sie aus dem Holz nach draußen durch die Rinde tritt. Die Steine fliegen dann nach außen und sind keine Gefahr mehr für die Kette. Wenn Sie zum frisch entsplinteten Stamm stehen, dann zieht die Kette die Steine in den Stamm und damit in den Sägekanal. Das macht die Kette sehr schnell stumpf.

Abb. 5: Carving Sägen und meine „richtige" Motorsäge (hinten)

Ausblocken:

Ausblocken nennt man das grobe Zuschneiden der Skulptur zu Beginn. Sie geben der Skulptur die Grundform und schneiden möglichst große Stücke aus dem Holz heraus. Dafür nehmen Sie die grobe Säge.

Probieren Sie aus, welche Marke der Kettensäge Ihnen besser passt. Stihl und Huqvarna können Sie mit Mercedes und Audi vergleichen. Beides sind Qualitätshersteller, beide bauen sehr gute Sägen, die auf Leistung und Dauereinsatz ausgelegt sind. Die MS 201 kostet ca. 700 – 800 €, die 550XP-G ca. 900 €. In diesem Preissegment erhalten Sie gutes Werkzeug, der Hersteller ist dann Geschmackssache. Ich habe sowohl Stihl- als auch Husqvarna-Sägen im Einsatz. Haben beide Vor- und Nachteile. Aber sparen Sie nicht an der Qualität Ihrer Sägen und kaufen Sie Ihre Sägen im Fachhandel. Dort werden Sie in der Regel sehr gut beraten und finden immer ein offenes Ohr, Tipps und Tricks rund um Ihre Säge. Bestellen Sie die Säge nicht im Internet! Warum nicht? Die 50 €, die Sie sich dort sparen, werden Sie verfluchen, wenn die Säge ein Problem hat und Sie sie einschicken müssen. Der Fachhändler ist für Sie da und ihn können Sie persönlich besuchen, wenn es ein Problem gibt.

Die Elektro Carving von Stihl MSE 230 C (siehe Abbildung 5 links im Vordergrund) kam hinzu, als ich anfing in geschlossenen Räumen zu sägen.

Bisher bin ich mit diesen beiden Sägentypen sehr gut gefahren. Es gab und gibt immer wieder Momente, wo ich mir weitere Sägen wünsche. Einen Troghöhler-Aufsatz oder einen Scheibenfräser-Aufsatz werde ich mir über kurz oder lang noch zulegen – natürlich mit passender Säge, denn dieses ganze Wechselgedöhns habe ich mir schnell abgeschminkt. Beide Aufsätze sind sehr speziell, haben eine andere Aufnahme und Sie wollen nicht jedes Mal auch das Kettenrad mit wechseln. Da kauft man lieber die passende Säge mit dazu. Sparen Sie auch hier nicht an der falschen Stelle.

Abb. 6: Gefahrenstelle Motorsägen-Spitze

Sowohl der Troghöhler als auch der Scheibenfräser sind sehr gut geeignet, um Ausfräsungen zu machen, Material abzutragen und hinterlassen jeweils ihre charakteristische Struktur in der Oberfläche. Tierfell zum Beispiel, mit dem Troghöhler oder dem Scheibenfräser gesägt sieht halt einfach gut aus.

Gefahrenhinweise

An dieser Stelle möchte ich Sie nur kurz auf zwei besondere Gefahren an der Kettensäge hinweisen. Es gibt natürlich mehr, aber diese beiden sind aus meiner Sicht essentiell.

Eintauchen/Schneiden mit der Spitze

Die Schwertspitze – genauer gesagt der obere Teil, im Bild markiert – ist sehr „böse". Hier versteht die Säge keinen Spaß. Wenn die Säge in diesem Bereich des Schwertes mit Holz (oder einem anderen Material) in Berührung kommt, neigt die Säge zum Ausschlagen. Die Säge springt Sie dann im wahrsten Sinne des Wortes an. Deshalb gibt es an den Sägen auch die Kettenbremse, die als Rückschlagschutz durch Ihre vordere Hand aktiviert wird, sobald die Säge springt. Sie können die Säge in diesem Fall nicht halten, da können Sie noch so dicke Arme haben. Der Rückschlagschutz bremst die Kette in Sekunden Bruchteilen, sodass die Kette nicht mehr läuft, wenn Ihnen die Säge an den Helm knallt. Sägen ohne Rückschlagschutz dürfen Sie zum Beispiel auch nicht beim Kettensägenkurs des Forstamts benutzen.

Ich habe immer noch großen Respekt vor dem Eintauchen mit der Säge in das Holz. Beim Eintauchen setzen Sie bei Vollgas die untere Seite der Schwertspitze auf das Holz, richten dann die Säge auf und tauchen gleichzeitig in das Holz ein. Wenn das Schwert erstmal im Holz ist, ist alles kein Problem. Führen Sie den Schnitt komplett aus und setzen Sie möglichst nicht ab. Wenn Sie aber zu zögerlich beim Anschneiden sind und/oder zu wenig Gas geben, erhöht sich die Gefahr des Springens enorm. Also zögern Sie nicht! Und sorgen Sie bitte beim Eintauchen dafür, dass niemand in der Gefahrenzone steht. Das sollte aber generell der Fall sein.

Bei der Carving Säge ist die Rundung an der Spitze sehr klein, weshalb Sie bei dieser das Springen nahezu vernachlässigen können.

Schneiden mit der auslaufenden Kette

Die auslaufende Kette ist die Oberseite des Schwertes. Hier sollten Sie einfach wissen, dass die Säge sich vom Werkstück wegdrückt und Sie dagegenhalten müssen. Das ist prinzipiell keine große Sache, kann aber beim ersten Mal sehr ungewohnt sein. Wenn Sie dies Wissen, dann stehen Sie stabiler und machen einen Ausfallschritt, um dem Druck entgegenzuhalten.

Abb. 7

Abb. 8:

Abb. 9

Abb. 10:

Abb. 11

Abb. 12

Die Bandfeile

Die Bandfeile eignet sich zunächst einmal sehr gut dazu, um Skulpturen an schwer zugänglichen Stellen zu schleifen. Einen viel größeren Dienst leistet die Bandfeile aber, wenn es darum geht, Details an der Skulptur herauszuarbeiten. Ich habe an meiner Bank die Gesichter der Eulen, die Schnäbel, die Krallen und auch die Schleiereulen typische Kontur um das Gesicht herum mit der Bandfeile ausgearbeitet. Ich benutze Schleifbänder mit 60er Körnung. Das ist absolut ausreichend für alle Arbeiten, nicht zu grob und nicht zu fein.

Die Bandfeile wird auch gerne als Fingerschleifer bezeichnet. Das werden Sie schnell bei Internet-Recherchen feststellen. Der korrekte und im Fachhandel benutzte Begriff ist Bandfeile.

Der Geradschleifer

Der Geradschleifer leistet bei mir die größten Dienste, wenn ich Augen fräse. Die Augenfräser benötigen eine sehr hohe Drehzahl, damit sie richtig funktionieren. Mit einer Bohrmaschine erreichen Sie weder die Drehzahl noch das gewünschte Ergebnis. Aber auch wenn es darum geht, feinere Arbeiten oder schwer zu erreichende Stellen zu fräsen, eignet sich der Geradschleifer sehr gut.

Auch der Geradschleifer wird gerne als Fingerschleifer bezeichnet. Dies nur als Hinweis an der Stelle, diese verwirrende Doppelbezeichnung wird Ihnen noch mehrfach in Ihrer Säger-Karriere über den Weg laufen.

Der Winkelschleifer

Der Winkelschleifer dient mir zum Schleifen. Ich bin ein Fan von geschliffenen Skulpturen. Je nachdem, was für eine Skulptur ich gerade schnitze, schleife ich entweder die ganze Skulptur oder nur Teile, um Akzente zu setzen. Eine geschliffene Oberfläche empfinde ich persönlich geölt viel schöner als eine ungeschliffene, sägerauhe Oberfläche. Die Maserung des Holzes kommt durch das Schleifen deutlicher hervor, was mir persönlich sehr gefällt. Aber das ist alles Geschmackssache. An der Eulenbank habe ich zum Beispiel nur die Eulen mit dem Winkelschleifer geschliffen. Das betont die feine Oberfläche der Eulen gegenüber der rauen Oberfläche der Sockel, die ja hier wie Bruchstein aussehen sollen. Leicht zugängliche Stellen und gerade bzw. konvexe Stellen an der Skulptur eignen sich besonders gut, um sie mit dem Winkelschleifer zu schleifen.

Abb. 13

Aber auch zum Fräsen mit der Arbortech-Scheibe oder zum Raspeln mit den Raspelscheiben (s. Abschnitt „Frässcheiben und Aufsätze für Winkelschleifer", S. 19) benutze ich den Winkelschleifer. Gerade in meiner bildhauerischen Anfangszeit habe ich mehr gefräst und geraspelt, weil ich mich damals mit der Motorsäge nicht an die finale Form herangetraut habe. Ich habe mehr Holz an der Skulptur stehen gelassen und mich dann mit den entsprechenden Scheiben an die Endform herangetastet.

Die Bohrmaschine

Auch die Bohrmaschine ist ein unverzichtbarer Helfer, der hauptsächlich beim Schleifen mit dem Schleifstern zum Einsatz kommt. Aber natürlich auch, um z. B. Holzdübel zu setzen. Gerade wenn man Risse in der Skulptur stabilisieren oder angesetzte Teil an der Skulptur stabil verankern möchte, braucht man eine Bohrmaschine.

Das Schärfen der Kette

Das Schärfen der Kette scheint vor allem bei allen „Nichtsägern" ein Mysterium zu sein, welches mit großer Ehrfurcht betrachtet wird. Es scheint mir, dass man die Ketten lieber beim Händler schärfen lässt oder sich eine elektrische Schärfmaschine zulegt, anstatt die Feilen auszupacken und geschwind die Ketten nachzufeilen. Alle Säger-Kollegen, die ich kenne, schärfen ihre Ketten selber und ich tue das auch.

Die Ehrfurcht vor dem Schärfen der Kette würde ich Ihnen gerne nehmen. Schärfen Sie ihre Ketten selber, probieren Sie es ruhig aus. Zumal Sie merken werden, dass Ketten gerade beim Entsplinten schnell Stumpf werden und Sie gar nicht so viele Ersatzketten dabeihaben, um andauernd eine neue Kette draufzulegen. In der Rinde verstecken sich immer mal Steine und Dreck oder auch mal ein Nagel, den Sie zielgenau erwischen. Es gibt lediglich ein paar Dinge, die Sie beim Schärfen von Hand beachten sollten. Wie ich meine Ketten schärfe und welche Werkzeuge (siehe Abbildung 14) Sie dafür benötigen, stelle ich Ihnen hier kurz vor.

Ich benutze einen Feilenbock, Rundfeilen in verschiedenen Durchmessern passend für die verschiedenen Sägeketten, Rund- und Flachfeile mit Griff und ein Schärfset im Etui. Das Schärfset gibt es relativ günstig zu kaufen, hier ist eine Rundfeile mit Feilenhalter, Flachfeile, Tiefenbegrenzungsleere, Schwertnutreiniger und eine Schablone für Winkel etc. enthalten. Der Schwertnutreiniger ist für die Maschinenpflege sehr wertvoll.

Abb. 14: Werkzeuge zum Schärfen der Kette

Abb. 15: Rundfeile mit Feilenhalter

In meinen Anfängen habe ich die Kette frei Hand mit der Rundfeile geschärft, mittlerweile benutzte ich einen Feilenhalter. Der Feilenhalter (siehe Abbildung 15) hat den Vorteil, dass auf ihm der ideale Schärf-Winkel für den Sägezahn abgetragen ist und er die Feile in der richtigen Höhe hält. Auf manchen Sägeketten ist auf dem Zahnrücken auch der Winkel abgetragen, aber der ist bedingt durch den Sägezahn sehr klein und auch nicht auf allen Ketten vorhanden. Dann sollte die Feile beim Feilen auch ca. 1/5 des Feilendurchmessers über den Zahn hinausschauen, um ein optimales Schärfergebnis zu erzielen. Wenn Sie frei Hand schärfen möchten, können Sie sich auch ein Schärfgitter an das Schwert heften, um zumindest den Schärfwinkel einzuhalten.

Im Folgenden also eine kurze Schärfanleitung, wie ich meine Ketten schärfe (Schärfanleitungen für alle Kettentypen finden Sie aber auch im Internet):

1. Nehmen Sie sich einen Stammabschnitt und klopfen den Feilenbock ein, dass er stabil sitzt. Oder spannen den Feilenbock ein, so wie ich es tue (siehe Abbildung 18)

2. Spannen Sie das Schwert so ein, dass die Kette frei durchlaufen kann

3. Lösen Sie die Kettenbremse und suchen sich den stumpfsten Zahn. Dieser braucht die meisten Züge mit der Feile, um wieder scharf zu werden.

4. Markieren Sie den Zahn mit der Signierkreide, mit dem Sie anfangen, damit Sie jeden Zahn nur einmal schärfen.

5. Aktivieren Sie die Kettenbremse, damit die Kette beim Feilen stehen bleibt.

6. Nehmen Sie den Feilenhalter mit passender Rundfeile und legen ihn waagerecht auf den Zahn (siehe Abbildung 17). Stellen Sie sich seitlich so neben das Schwert, dass Sie die Winkel über den Feilenhalter gut im Blick haben und den Feilenhalter in seiner Position halten können, ohne den Winkel zum Zahn zu verziehen, noch den Feilenhalter nach links oder rechts zu verkippen (siehe Abbildung 18). Die Rundfeile arbeitet in Stoßrichtung.

7. Feilen Sie den Zahn von innen nach außen mit so vielen Zügen, wie es nötig ist, um den Zahn zu schärfen. Merken Sie sich die Züge, damit Sie alle Zähne gleich oft mit der Feile nachziehen. So bleiben alle Zähne gleich lang und haben die gleiche Schnittleistung. Um den Grat, der sich bildet, brauchen Sie sich nicht zu kümmern, den entfernt das Holz mit dem nächsten Schnitt.

TiPP Feilen Sie den Zahn nicht auf weniger als 3 mm runter. Danach besteht die Gefahr, dass der Zahn abbricht, weil er nicht mehr genug Halt auf der Kette hat.

Abb. 16: Säge im Feilenbock eingespannt. Die Kette kann frei durchlaufen

Abb. 17: Feilenhalter waagerecht auf der Kette

8. So machen Sie weiter mit allen Zähnen der Seite, bis Sie wieder an der Markierung angekommen sind.

9. Dann widerholen Sie dieses Vorgehen für die andere Seite.

10. Überprüfen Sie mit der Tiefenbegrenzungslehre, ob der Spanabweiser nachgefeilt werden muss (siehe Abbildung 19). Wenn nötig, ziehen Sie 1-2-mal leicht mit der Flachfeile über den Spanabweiser. Dieser reguliert, wie tief der Sägezahn in das Holz schneidet. Seien Sie hier lieber eher vorsichtig. Je mehr sie den Spanabweiser runterfeilen, desto „hungriger" wird die Säge. Das kann schnell dazu führen, dass die Säge auf Dauer schwer zu führen ist, weil Sie mehr Kraft zum Gegenhalten brauchen. In dem Fall müssen Sie halt die Zähne weiter runterfeilen.

Das war es dann schon. Alles kein Hexenwerk. Man kann aber definitiv ein Hexenwerk bzw. eine ganze Philosophie aus dem Schärfen der Kette machen. Ich nutze gerne den hier beschriebenen pragmatischen Ansatz, der auch zu einem sehr guten Ergebnis führt.

Sie werden beim Frei-Hand-Feilen den Winkel natürlich nicht 100%ig korrekt hinbekommen. Aber Sie werden ihn annähernd treffen. Das reicht nach meiner Erfahrung völlig aus.

Abb. 18: Feilenhalter mit Winkel auf der Oberseite und im korrekten Winkel zur Kette

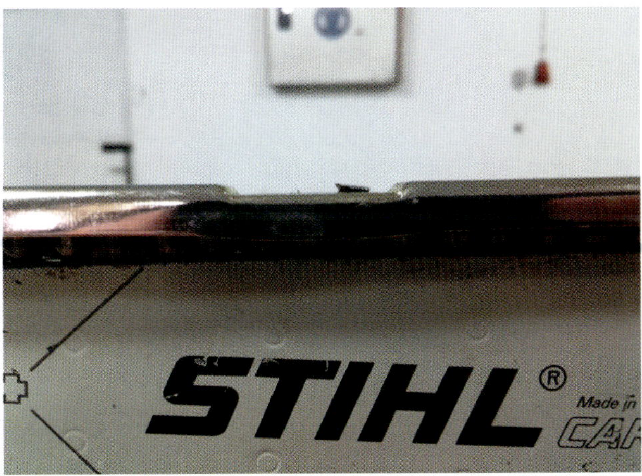

Abb. 19: Tiefenbegrenzungslehre liegt auf der Kette, der Tiefenbegrenzer schaut nicht raus

Schleifen des Holzes

Den Großteil der Schleifarbeiten erledige ich mit dem Winkelschleifer und einem Schleifteller-Aufsatz. Bevorzugt benutze ich Schleifscheiben mit 36er-Körnung, aber auch 60er- oder 80er-Körnung zum feinschleifen. Alles über 80er-Körnung ist eigentlich zu fein, um das teilweise noch feuchte Holz mit dem Winkelschleifer zu schleifen. Selbst die 80er-Körnung setzt sich sehr schnell zu und besonders das Hirnholz fängt dann schnell an zu „brennen" und bekommt schwarze Stellen.

Für das Schleifen von schwer zugänglichen Stellen kommt die Bandfeile zum Einsatz. Und mit dem Schleifstern (auch als Schleifmob bekannt) schleife ich Stellen, an denen der Winkelschleifer entweder nicht hinkommt oder die zu filigran für den Winkelschleifer sind. Haare, Mähne oder stark strukturierte oder unebene Stellen sind ideal für den Schleifstern.

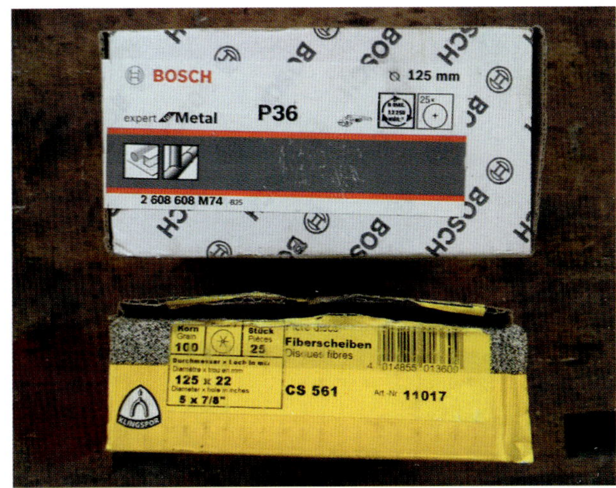

Abb. 20:

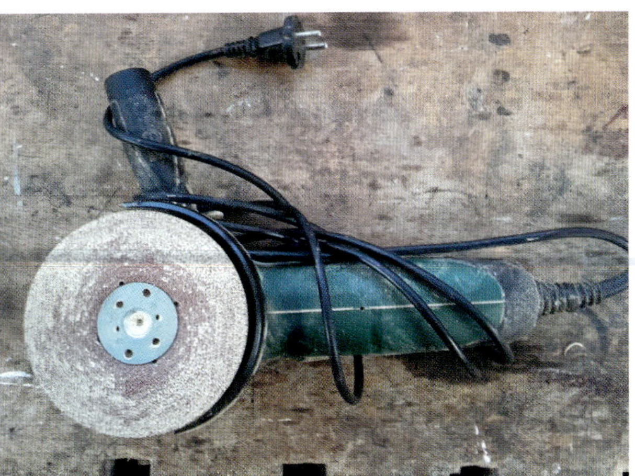

Abb. 21

Der Schleifstern

Schleifsterne sind sehr praktisch, wenn es um das abschließende Schleifen der Skulptur geht. Mit dem Schleifstern kommen Sie problemlos an schwer zugängliche Stellen, an die Sie z. B. mit dem Winkelschleifer nicht rankommen. Außerdem sind Skulpturen in der Regel auch uneben und mit vielen Ecken, Kanten, Vertiefungen, Biegungen etc. versehen. Da brauchen Sie ein Werkzeug, mit dem Sie problemlos die gesamte Oberfläche schleifen können, ohne diese dabei zu beschädigen. Die Schleifscheibe eines Winkelschleifers kommt sehr schnell an ihre Grenzen, wenn es zu klein und eng wird. Sie hinterlässt dann gerne grobe und hässliche Schleifspuren. Skulpturen, die mit einem Schleifstern geschliffen wurden, fassen sich sehr gut an und haben eine angenehme Oberfläche.

Schleifsterne gibt es im Handel zu kaufen. Allerdings habe ich bisher nur kleine Schleifsterne mit einem Durchmesser von 10 cm gefunden. Diese sind verhältnismäßig teuer und zum kompletten Schleifen einer großen Skulptur ungeeignet, dies war zumindest meine Erfahrung. Sie sind eher dafür geeignet, kleine Schnitzwerke oder Details an der Skulptur zu schleifen, wie Augen oder Gesichter.

Sie werden daher nicht drum herumkommen, sich selber einen Schleifstern zu bauen. Hierfür benötigen Sie geschlitztes Schleifband (Körnung 60). Dieses gibt es in 50m Rollen zu kaufen. Aus der Rolle bekommen Sie je nach Größe und Anzahl der einzelnen Streifen 10 – 14 Sterne. Sie finden in der Werkzeugliste im Anhang eine korrekte Bezeichnung, nach der Sie im Internet suchen können,.und bei den Bezugsquellen eine Liste mit Online-Shops, bei denen Sie das Schleifband beziehen können. Im Folgenden finden Sie eine Anleitung, wie ich das mache. Die Aufnahme des Sterns ist selber gebaut, diese ist sehr simpel, aber für mich völlig ausreichend. Zum Nachbau brauchen Sie folgendes Material:

- Grundlage ist eine 10er-Gewindestange
- drei Muttern
- eine Hutmutter für den Abschluss
- eine Verbindungsmutter
- ein 12er-Rohr, in dem die Gewindestange später läuft

Da der Schleifstern in einer Bohrmaschine eingespannt wird, brauchen Sie das Rohr, um den Schleifstern halten und führen zu können. Die Gewindestange, Muttern und Rohr bekommen Sie günstig im Baumarkt. Es gibt im Internet auch fertige Aufnahmen für Schleifsterne zu kaufen, falls Sie sich die Aufnahme nicht selber bauen möchten.

Anleitung Schleifstern bauen

Schneiden Sie die Gewindestange auf ca. 30 cm Länge ab und feilen die Schnittkanten sauber. Die Länge ist für mich so gewählt, dass ich die Halterung gut in einer Hand halten kann, ohne dass sie zu lang ist. Wählen Sie daher für sich eine passende Länge.

1. Schrauben Sie eine Kontermutter auf die Gewindestange und schrauben Sie die Verbindungsmutter bis zur Hälfte auf. Anschließend schneiden Sie das Rohr so lang/kurz, dass Sie noch genug Gewindestange haben, um die ganze Halterung ins Bohrfutter der Bohrmaschine einzuspannen. Abbildung 23 zeigt die Halterung als Ganzes.

2. Dann schneiden Sie ein ca. 8 cm langes Stück Gewindestange für die Stern-Aufnahme ab. Das ist sozusagen der Dorn, auf dem Sie die einzelnen Lamellen später anordnen. Die exakte Länge ermitteln Sie bitte selber anhand der Länge der Verbindungsmutter (Hälfte Verbindungsmutter), der dicke der Streifen zzgl. ein bisschen Zugabe. Abbildung 24 zeigt die fertige Aufnahme für die Lamellen.

3. Für den Schleifstern selber schneide ich 24 x 20 cm Streifen ab (Abbildung 25)

4. Anschließend lege ich alle Streifen übereinander und bohre mittig ein Loch (Abbildung 26) durch die Unterseite der Steifen

Abb. 22: Rolle geschlitztes Schleifpapier, 60er Körnung

5. Danach bilde ich Pärchen von Streifen, indem ich immer zwei Streifen paarweise „Rücken an Rücken" zusammenlege, dass die Körnung nach außen zeigt, und ordne die Paare sternenförmig auf der Aufnahme an (Abbildung 27)

6. Nachdem alle Streifen auf der Aufnahme platziert sind, schraube ich den Stern zusammen.

7. Abbildung 28 zeigt einen fertigen Schleifstern mit angezogener Mutter und Kontermutter. Ziehen Sie die Schraube so fest an, wie es geht. Wenn der Stern zu locker ist, dann wird er sich im Betrieb lösen und die Aufnahme dreht durch bzw. der Stern fällt auseinander. Die Kontermutter verhindert ein Lösen der unteren Mutter.

Sie können natürlich auch Variationen des Schleifsterns bauen, indem Sie mehr und/oder längere Streifen schneiden. Damit erhalten Sie einen dichteren und „moppigeren" Stern. Mein Schnitzer-Kollege Bernhard Neises aus St. Ingbert, mit dem ich auch die Eulen-Bären-Bank geschnitzt habe, arbeitet z. B. mit unterschiedlich langen Streifen. Er lässt die Hälfte der Streifen um ca. 6-8 Zentimeter länger. So ist der Schleifstern, wenn er noch neu ist, weniger aggressiv und schleift trotz des groben 60er Korns relativ behutsam.

Abbildung 23 zeigt die Konstruktion, auf die der Schleifstern aufgeschraubt wird. Die Verbindungsmutter sitzt auf der Gewindestange und ist ebenfalls gekontert und damit arretiert. Die Gewindestange selber steckt in dem Rohr. Auf die Gewindestange trage ich ein Öl auf, um die Reibung zu minimieren.

Abbildungen 29 und 30 zeigt den Schleifstern nach der Behandlung beider Skulpturen inkl. der Skulpturen-Sockel. Hier ist auch der gekaufte Schleifstern zu sehen.

Abb. 23: Aufnahme Lamellen (Dorn)

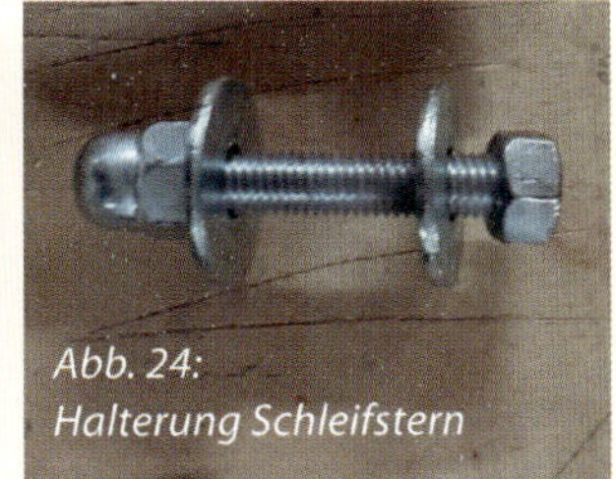

Abb. 24: Halterung Schleifstern

Abb. 25: Streifen schneiden

Abb. 26: Bohren der Streifen

Abb. 27: Pärchen, sternenförmig angeordnet

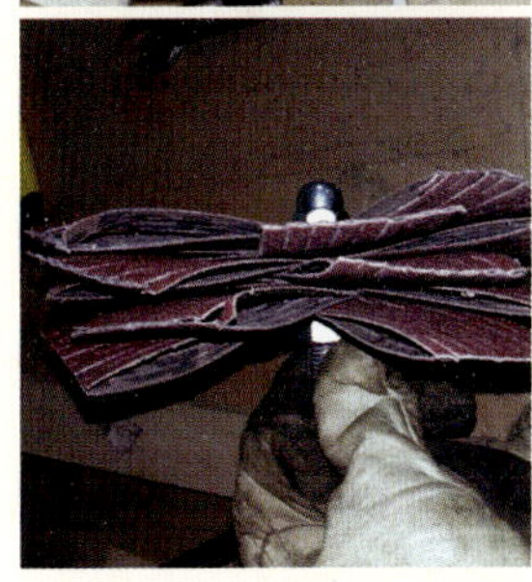

Abb. 28: fertiger Schleifstern

Abb. 29, 30: Schleifstern nach Gebrauch

Mit einem Schleifstern können Sie ca. drei Skulpturen bearbeiten, bis Sie einen neuen benötigen. Ich habe mir zwei Aufnahmen gebaut und schneide immer Streifen für zwei Schleifsterne, damit ich stets einen Schleifstern zum Wechseln parat habe.

Beim Schleifen selbst stelle ich die Bohrmaschine auf die geringste Umdrehung ein und wechsele auch immer zwischen Link- und Rechtslauf. Beides schont den Schleifstern und erhöht damit seine Lebensdauer.

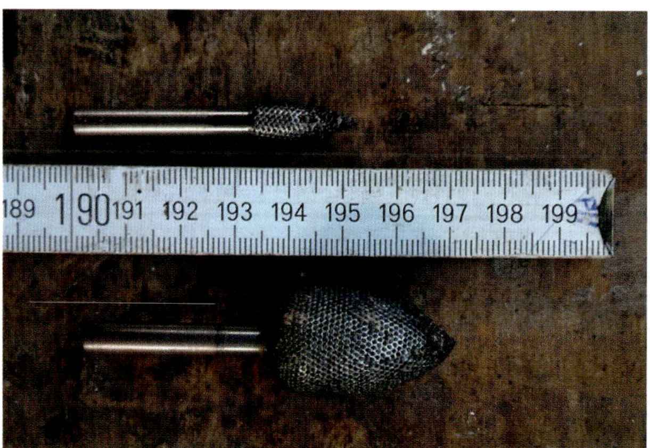

Abb. 31: Raspelfräser Flamme in klein und groß, feine Körnung

Abb. 32: Rundzylinder grobe Körnung, Hartmetallraspelfräser mit Schaft 6 mm.

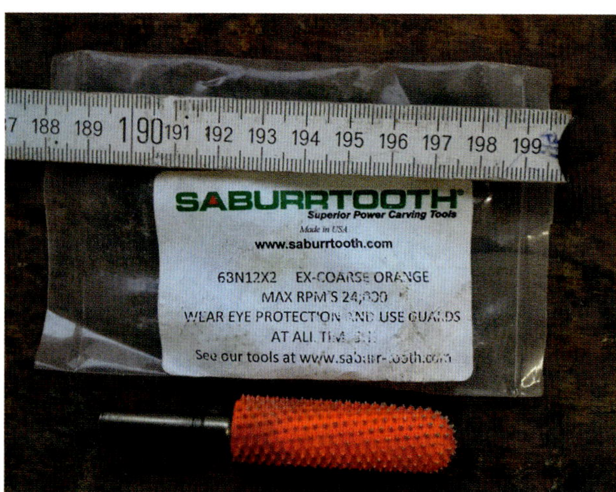

Abb. 33: Saburrtooth Raspelfräser grobe Körnung, Hartmetallraspelfräser mit Schaft 6 mm.

Fräser & Aufsätze

Fräser & Aufsätze für Geradschleifer

Für den Geradschleifer gibt es sehr viele unterschiedliche Fräs-Aufsätze. Welchen Aufsatz Sie brauchen, oder ob Sie überhaupt welche brauchen, ist für mich schwer zu sagen. Alle Fräser sind für spezielle Aufgaben gefertigt. Die kleine Flamme (Abbildung 31) zum Beispiel benutze ich oft, um die Augen meiner Skulpturen zu fräsen. Ähnlich wie bei meinen Holzbildhauer-Eisen wollte ich mir einen Basis-Set an Fräsern zulegen, mit denen ich grobe und feine Arbeiten ausführen kann.

Die Fräser werden zu ¾ des Schafts in den Geradschleifer eingespannt. . .

Augenfräser sind eine tolle Sache, bei ihnen ist der Name Programm. Die Augenfräser haben auf der Innenseite kleine Körner, die das Holz wegfräsen sollen. Da die Augenfräser aber auf hoher Drehzahl laufen, verbrennt das Holz eher, als dass es weggefräst wird. Das ist nicht weiter schlimm, wundern Sie sich nur nicht über Brandgeruch und starken Qualm beim Fräsen. Der Vorteil der Augenfräser ist definitiv, dass die Augen schön schwarz werden. Die Augenfräser gibt es in vier verschiedenen Größen, soweit mir bekannt: 12/16/20/25 mm.

Wenn Sie sich Augenfräser für den Geradschleifer bestellen, denken Sie bitte daran, sich auch gleich eine 8 mm Aufnahme für den Geradschleifer dazu zu kaufen. Der Geradschleifer kommt im Standard mit einer 6 mm Aufnahme.

Abb. 34: 12/16/20/25 mm Augenfräser

Frässcheiben und Aufsätze für Winkelschleifer

Die Raspelscheiben eignen sich einerseits sehr gut dazu, die sägeraue Oberfläche zu ebnen und für das finale Schleifen mit 80er Schleifpapier vorzubereiten. Anderseits können Sie auch formgebend mit den Raspelscheiben arbeiten. Das heißt, wenn Sie zunächst an Ihrer Skulptur mehr Material mit der Säge stehen lassen, um sich dann an die finale Form heranzutasten. Die mit den Raspelscheiben bearbeitete Oberfläche ist besonders bei noch feuchtem Holz fusselig und aufgeraut. Die grobe Scheibe hinterlässt mehr Fusseln als die feine Scheibe. Wie fusselig die Oberfläche im Endeffekt ist, hängt neben dem Feuchtegehalt des Holzes aber auch von der Holzart ab. Weichholzarten wie zum Beispiel Kiefer werden deutlich aufgerauhter und fusseliger als Eiche. Sobald die Oberfläche ein wenig angetrocknet ist, können Sie die Fussel aber sehr gut schleifen.

Abb. 34 b: 8 mm Aufnahme für den Geradschleifer, passend für die Augenfräser

Sonstige Frässcheiben

Es gibt sehr viele unterschiedliche Frässcheiben auf dem Markt Es gibt sehr gute hier nicht genannte Fabrikate, die mit Sicherheit auch sehr gute Arbeit leisten und sehr gute Ergebnisse erzielen. Teilweise kommt es bei den Frässcheiben aber auch darauf an, welches Ergebnis Sie erzielen möchten oder was Sie fräsen wollen. Dementsprechend brauchen Sie dann speziellere Scheiben. Ich habe nicht alle getestet, Sie können aber irgendwann Rückschlüsse aufgrund Ihrer Erfahrung ziehen und erkennen gutes Werkzeug. Die hier vorgestellten Frässcheiben stellen daher keinen Anspruch auf Vollständigkeit dar und bilden nur meine aktuelle Auswahl für mein Einsatzgebiet ab.

Abb. 35: Raspelscheibe feine Körnung, 100 mm Durchmesser

Abb. 36: Raspelscheibe, grobe Körnung, 100 mm Durchmesser

Abb. 37: Kaindl Frässcheibe mit 100 mm Durchmesser. Im Bild ein älteres Modell, diese gibt es mittlerweile auch mit 115/125 mm Durchmesser. Diese Frässcheibe habe ich kurz nach meinen Bildhauereisen gekauft, das war für mich der Einstieg in die maschinelle Bearbeitung von Skulpturen. Wie bei den Raspelscheiben können Sie mit dieser Scheibe ordentlich Material wegnehmen. Die mit dieser Scheibe bearbeitete Oberfläche ist glatt, ohne bzw. mit sehr wenig Struktur.

Arbortech Industrial Woodcarver Blade, mit drei Wechselmessern und 100 mm Durchmesser.
Der Arbortech Fräser eignet sich gut dazu, Material weg zu fräsen, ohne in Staub zu ersticken. Die gefräste Oberfläche ist im Gegensatz zu den Raspelscheiben glatt. Die Rundung des Fräsers ermöglicht es Ihnen gleichzeitig, gewellte Strukturen in die Oberfläche zu fräsen, um z. B. eine Fell-Optik herzustellen.

Es gibt aber unter Sicherheits-Gesichtspunkten auch abenteuerliche Frässcheiben auf dem Markt und wenig vertrauenserweckende Modelle. Auf diese werden Sie schnell stoßen, wenn Sie ein wenig im Internet stöbern. Und Sie werden bei Ihren Recherchen auch auf Erfahrungsberichte zu anderen Fabrikaten stoßen. An dieser Stelle möchte ich Ihnen einen gut gemeinten Hinweis mitgeben: lassen Sie sich bei Frässcheiben für den Winkelschleifer nicht durch günstige Preise locken und vertrauen Sie Ihrer eigenen Intuition. Der Winkelschleifer ist ein gefährliches Werkzeug, das mit einer sehr hohen Drehzahl gnadenlos läuft. Sie werden Frässcheiben finden, die aus 0,7 mm dünnem Blech gefertigt sind. Und Sie werden Frässcheiben finden, die Kettensägen-Ketten montiert haben. Diese haben mit Sicherheit ihre Einsatzgebiete und ihre Berechtigung. In meinen Werkzeugkoffer haben solche Fabrikate aber keinen Platz. Allein aus meinem subjektiven Sicherheitsempfinden heraus. Die Unversehrtheit Ihrer Gliedmaßen sollte aber am wichtigsten sein.

Bildhauereisen

Mit der Bildhauerei bin ich das erste Mal vor ca. 20 Jahren in Berührung gekommen. Ich machte damals meine Ausbildung als Tischler und habe mich an einem VHS Bildhauerkurs eingeschrieben. Mit meinem Taschenmesser habe ich schon immer gerne geschnitzt, aber ich wollte mehr, wollte mit anderen Werkzeugen arbeiten und das alles unter Anleitung. In dem Kurs habe ich den ersten Umgang mit Bildhauereisen gelernt und mir im Anschluss an den Kurs meine eigenen Bildhauereisen gekauft. Sie sind mein ältestesrWerkzeug. Den Klöpfel habe ich mir auch noch während der Tischler-Ausbildung selber gedrechselt, im Anschluss an einem VHS Drechselkurs.

Es gibt natürlich eine Vielzahl an verschiedenen Bildhauereisen für die unterschiedlichsten Einsätze und Feinheiten. Im VHS Bildhauerkurs habe ich mit verschiedenen Eisen arbeiten dürfen und mir so einen guten Überblick darüber verschafft, welche Eisen ich selber für den Anfang haben möchte. Wichtig war mir bei der Auswahl, dass ich mir einen soliden Basissatz an Eisen zulege, mit dem ich möglichst viele Arbeiten ausführen kann, sie also möglichst universell einsetzen kann. Daher habe ich mir ein Paar runde Hohleisen mit Stich 10, flache Hohleisen mit Stich 4 und Geißfüße 39 zugelegt, jeweils in Groß und Klein (siehe Abbildung 38a, von links nach rechts).

Abb. 38: Bildhauereisen

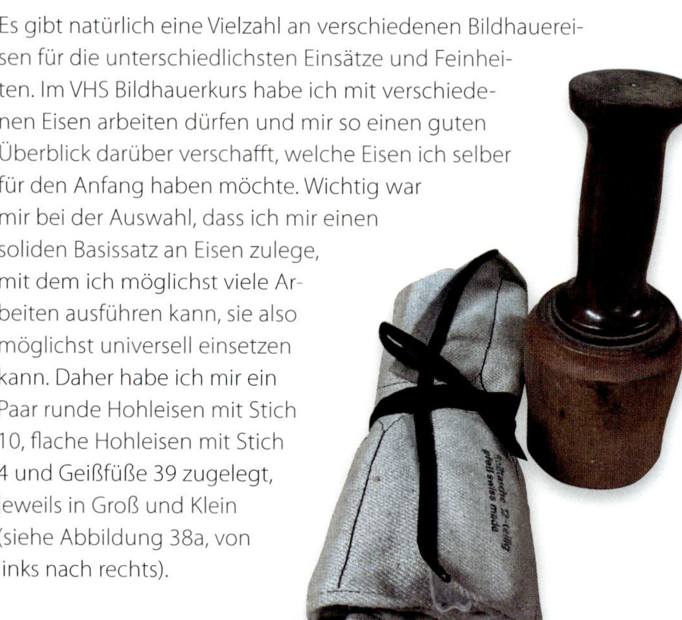

Jahre später, als ich mit dem Schnitzen von Modellen anfing, kamen dann die kleinen Schnitzmesser dazu (siehe Abbildung 39, von rechts nach links). Hier ist ein kleiner Geißfuß dabei, ein gekröpftes Hohleisen, und jeweils von dem Hersteller Pfeil die Messer Fuchsmesser 12, Detailschnitzmesser 11, Kerbschnittmesser und das Rosenmesser 1. Die meisten Arbeiten führe ich aber mit dem Fuchsmesser aus. Die gebogene Klinge unterstützt beim Schnitzen von konvexen und konkaven Flächen. Beim Detailmesser ist der Name Programm, es kommt bei der Ausarbeitung von Details zum Einsatz. Das Kerbschnitz- und das Rosenmesser kommen bei mir eher selten zum Einsatz. Auf diese beiden würde ich am ehesten verzichten können. Wenn Sie sich also Schnitzmesser zulegen möchten, würde ich Ihnen die auf der Abbildung 39 ersten vier Messer von rechts empfehlen.

Mit diesen Messern sind u. a. folgende Arbeiten entstanden. Hier nur eine kleine Auswahl, bei der ich Wert auf unterschiedliche Gestaltungselemente wie Oberfläche und Details gelegt habe.

Abb. 39: Schnitzmesser

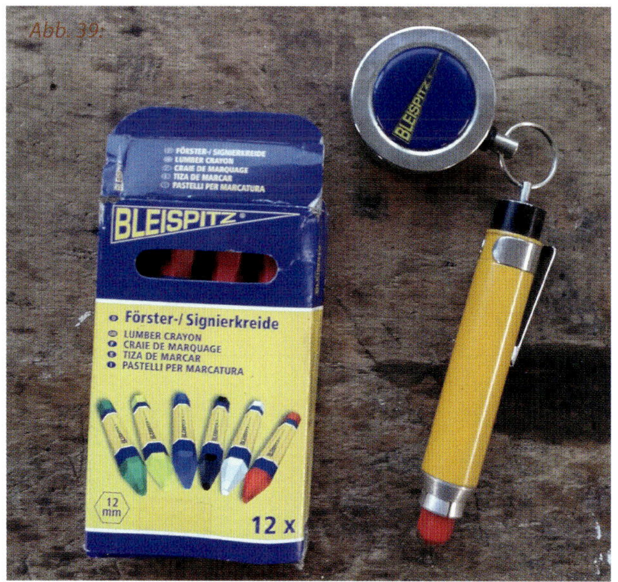

Abb. 39:

Anreißen

Zum Anreißen benutze ich hauptsächlich Signierkreide. Diese eignet sich besonders gut auf dem groben, nassen Holz oder der Rinde des Holzes und man sieht den Riss auch gut. Risse aus Bleistift oder Kuli übersehen Sie leicht beim Sägen, weil sie zu fein sind. Für die Signierkreide gibt es einen praktischen Halter mit Werkzeugaufroller. Diesen befestigen Sie am Gürtel und haben die Kreide so immer griffbereit.

Mit Bleistift arbeite ich, wenn es um sehr genaue Risse geht wie z. B. Zapfen und Zapfenlöcher. Dazu später aber mehr.

Ansonsten ist ein Zollstock auch sehr hilfreich, um die Proportionen am Stamm abzumessen und korrekt einzuzeichnen.

Abb. 40: Sicherheitsausrüstung

Sicherheitsausrüstung

Safety first. Das klingt extrem abgedroschen, ist aber die wichtigste Regel, wenn Sie mit scharfen (Elektro-) Werkzeugen oder einer Kettensäge hantieren. Wichtig ist, dass Sie im Umgang mit den Werkzeugen immer wissen, wo die Gefahren des Werkzeugs liegen. Das Werkzeug an sich ist nicht gefährlich. Der unsachgemäße Gebrauch ist es bzw. das „ich mach das eben mal schnell".

Und wenn mal etwas passiert, sollten Sie Schutzkleidung tragen, die federt vieles ab. Die passende Sicherheitsausrüstung schützt Sie zudem auch vor Langzeitschäden, die durch Lärm und Staub entstehen können. Aber auch direkt und unmittelbar, wenn es um Schnittschutz geht.

Ich trage beim Sägen in der Regel einen Helm mit klappbarem Visier und Gehörschutz. Unter dem Helm trage ich noch zusätzlich eine Augenschutzbrille, weil immer wieder feine Späne durch das Visier des Helms durchdringen und in die Augen fliegen. Wenn ich keine Brille trage, dann kneife ich die Augen zusammen, sehe nicht vernünftig und strenge auch meine Augen und Gesichtsmuskeln unnötig an. Da trage ich doch lieber eine Brille.

Die Schnittschutzhose ist genauso Pflicht wie Schnittschutzstiefel und Handschuhe. Ihre Hände sind einem Spänebombardement ausgesetzt, was auf Dauer auch sehr unangenehm sein kann. Idealerweise kaufen Sie sich Handschuhe mit einem Bund, damit die Späne nicht in die Handschuhe eindringen.

Der Staubschutz, Augenschutz und extra Gehörschutz ist auch beim Schleifen und Fräsen wichtig. Den Helm können Sie hier ja prinzipiell ablegen, deshalb der extra Gehörschutz. Alle Schleifer und Fräser produzieren Unmengen von Staub. Selbst wenn Sie unter freiem Himmel schleifen, brauchen Sie einen Staub- und Augenschutz. Ich habe mir eine Halbmaske von 3M mit zwei seitlichen Wechselfiltern gekauft. Die Maske ist weich, liegt sehr gut an und lässt keinen Staub durch. Besorgen Sie sich einen vernünftigen Staubschutz, Ihre Nase wird es Ihnen danken.

Hier nochmal die Sicherheitsausrüstung als kurze Liste:

- Helm mit klappbarem Visier und Gehörschutz
- Augenschutzbrille
- Handschuhe mit Bund
- Schnittschutzhose
- Schnittschutzstiefel
- Staubschutz/Atemschutz (Voll-/Halbmaske)
- Extra Gehörschutz

Holzauswahl

Bevor Sie sich ans Sägen machen, überlegen Sie sich, wo die Bank stehen soll. Wird sie unter freiem Himmel stehen und der Witterung voll ausgesetzt sein? Oder wird Sie unter einem Dach stehen und nur Sonne und Wind ausgesetzt sein? Der spätere Standort der Bank bestimmt, welches Holz Sie nehmen und wie Sie die Oberfläche behandeln müssen.

Ein weiterer Punkt ist, dass Sie es in der Regel mit relativ frischem und damit noch feuchtem Holz zu tun haben. Einige Holzarten reagieren mit Pilzbefall, wenn Sie das innen noch feuchte Holz zum Schutz ölen und anschließend mit einer Oberflächenversiegelung behandeln. Dies ist mir schon bei Kiefer und Douglasie Splintholz sowie bei Pappel passiert. Eine Oberflächenversiegelung wie z. B. Skulpturenwachs benutzt man gerne, um Rissbildung zu minimieren. Das Holz trocknet dann deutlich langsamer aus, was aber eben auch zur Pilzbildung führen kann. Sofern Sie sich für Nadelholz entscheiden, dann streichen Sie die Skulptur vor der Versiegelung optional mit Bläueschutz oder einem entsprechenden Pilz hemmenden Mittel.

Wenn Sie das Skulpturenwachs weglassen, kann das Holz stärker reißen. Was bei den Skulpturen aber auch nicht schlimm ist. Ganz im Gegenteil, Risse gehören beim Stammholz einfach dazu und sind Teil der Skulptur. Mit ein wenig Übung können Sie Risse auch für die Wirkung der Skulptur einplanen: ein Riss zum Beispiel durch das Gesicht einer Skulptur kann ihr einen Hauch von „gespaltener Persönlichkeit" geben.

Sie können aber auch auf der Rückseite der Skulptur einen Entlastungsschnitt setzen und somit „vorgeben", wo der Stamm reißt. Ein Entlastungsschnitt geht idealerweise bis zum Kern des Stammes und zieht sich durch den gesamten Stamm. Am Schnitt klappt der Stamm dann beim Austrocknen auf und reißt an anderen Stellen nicht mehr oder nicht mehr so stark.

Mobiles Sägewerk „Marke Eigenbau"

Bitte beachten Sie auch diesen Umstande bei der Holzauswahl. Sofern Sie nicht gerade einen Baum im eigenen Garten „umgemacht" haben, können Sie verschiedenes Stammholz beim Forst kaufen. Welches Holz das Forstamt hat, hängt vom Waldbestand ab und davon, was gerade geschlagen wird. Die Telefonnummer des zuständigen Forstamts finden Sie im Internet. Wenn Sie dort anrufen, dann sagen Sie ruhig, dass Sie Holz in passendem Durchmesser zum Schnitzen mit der Kettensäge brauchen. Erzählen Sie auch, welche Längen Sie brauchen, damit der Zuständige Forstamtmitarbeiter nach passenden Abschnitten Ausschau halten kann. Es muss ja nicht immer gleich ein ganzer Stamm sein und die Mitarbeiter im Forst kennen ja ihr „Sortiment" und wissen, welches Holz noch wo im Wald rumliegt.

Sofern Sie Holz beim Forst kaufen und es selber im Wald abholen wollen, beachten Sie bitte, dass Sie einen Motorsägenschein benötigen, um Polterholz im Wald mit der Kettensäge zu schneiden. Polter sind die aufgetürmten Holzhaufen, die im Wald am Wegesrand liegen und auf den Verkauf warten. Den Motorsägenschein können Sie auch beim Forstamt machen, Kurse werden in regelmäßigen Abständen angeboten (meistens im Frühjahr).

Bevor Sie das Holz kaufen, schauen Sie es sich an und überprüfen Sie, ob es die passenden Maße hat, ob es Beschädigt ist, Einwüchse oder Risse hat. Salopp gesagt: schauen Sie einfach, ob es für Ihr Projekt passt.

Die passenden Holzbohlen für Ihre Bank bekommen Sie im Holzhandel. Es gibt bereits für ein paar hundert Euro mobile Sägewerke; siehe auch die Abbildung.

Sofern Sie nicht über diese Möglichkeit verfügen – kaufen Sie sich Holzbohlen und versuchen Sie nicht, sich Holzbohlen frei Hand vom Stamm zu schneiden. Das funktioniert nicht!

Holzbohlen bekommen Sie in verschiedenen Dicken und Qualitäten. Ich kaufe mir für meine Bänke ca. 52 mm dicke Bohlen in „Eiche rustikal" bzw. C-Sortierung. Beide Begriffe bezeichnen die Qualität der Holzbohlen. Sie können hier davon ausgehen, dass die Bohlen Äste und Risse enthalten. Dies passt für mich sehr gut zu einer geschnitzten Holzbank.

Projekt Eulenbank

Nun kann es endlich losgehen. Wir schnitzen eine Bank!

Die Werkzeuge sind vorgestellt, Sie wissen, wie Sie Ihre Kette schärfen müssen und haben auch die passende Schutzausrüstung am Mann oder an der Frau. Und zu guter Letzt haben Sie sich auch Ihr Holz besorgt, aus dem Sie Ihre Skulpturen zum Leben erwecken möchten.

Nehmen Sie sich Zeit und überstürzen Sie nichts. Die Skulptur will geformt werden, sie will zum Leben erweckt werden. Dieser Prozess braucht seine Zeit. Der Weg ist das Ziel!

Los gehts …

I. Entsplinten

Dieser Stammabschnitt ist ca. 1 m hoch und hat 40 – 45 cm im Durchmesser. Auf der Abbildung sehen Sie den kompletten Stamm mit Rinde, aus dem ich den linken Pfosten schnitzen werde.

Zunächst wird entsplintet. Ich entsplinte alle meine Stämme, damit die spätere Dimension des Stammes sichtbar wird. Eiche Splintholz ist pilzanfällig, hat eine geringe Haltbarkeit und ist damit für den Außeneinsatz nicht zu gebrauchen.

Wichtig beim Entsplinten ist, dass man mit der Auslaufenden Kette durch das saubere Holz schneidet. Das ist zu sehen ab Bild 3. Die Spitze des Schwertes ist im sauberen, bereits entsplinteten Holz.

Der untere Teil des Kette zieht somit beim Sägen keine Verunreinigungen in den Schnitt, die sich in der Rinde befinden. Wenn Sie anders herum schneiden – also mit der einlaufenden Kette durch die Rinde schneiden, ziehen Sie Steine etc. durch den Schnitt und Ihre Kette wird deutlich schneller stumpf.

Im Bild 1 setze ich den ersten Schnitt, suchen Sie sich hierfür möglichst eine saubere Stelle. Denn hier schneiden Sie auf jeden Fall durch die Rinde mit der einlaufenden Kette.

Bild 6 zeigt, wie Sie durch den Schnitt peilen können, um einen gerade Schnitt zu machen. Sowohl der Schnitt als auch das Schwert müssen „fluchten" – also wenn Sie durch den Schnitt peilen in einer Flucht sein. Dann scheiden Sie gerade.

Wenn die Säge aus der Flucht läuft, verziehen Sie den Schnitt. Das können Sie beim Schneiden beobachten und gegensteuern.

II. Ausblocken

Als Vorlage habe ich neben einer Zeichnung ein kleines Modell aus Linde geschnitzt, um die neue Form zu üben. Lindenholz ist ein klassisches Schnitzholz, sehr leicht und schnell zu schnit zen.

Ich zeichne die groben Umrisse der Form mit der Signierkreide auf den entsplinteten Stamm. Es kann hilfreich sein, seitlich ein bisschen mehr wegzuschneiden, damit man eine größere glatte Fläche zum Zeichnen bekommt.

Ausblocken heißt, dem Holz eine Grob-Struktur zu geben. Das Holz links und rechts der Kerbe wird später zu den aufgestellte Flügeln der Eule.

Zwischendurch muss immer mal wieder geschärft werden. Balázs Turáns Schärfmethode wird auf S. 13 – 15 erklärt.

Nachdem die groben Umrisse der Eule angezeichnet sind, schneide ich diese aus. Auf den Bildern zu sehen ist die grobe Formgebung der Flügel und des Bereichs, wo später der Kopf sein wird. Ich lasse lieber etwas mehr stehen, daher wirkt die Eule noch sehr massig

Weiter geht es auf der Vorderseite …

… und der Rückseite. Und die kleine Eule ist stets wachsam …

Ich taste mich an die Form heran. Hier schneide ich den Köper an und gebe der Eule mehr Rundung.

Die Beine/Füße der Eule liegen zurückgesetzt, weiter im Stamm drinnen. Diese schneide ich als nächstes an.

Hier entstehen die beiden Füße der Eule

Erste Ansätze für den Sockel.

Der Zwischenraum zwischen den Beinen wird freigelegt.

Die Füße der Eule werden ausgearbeitet

Der obere Teil der Skulptur wird etwas mehr in Richtung „Flügel" gebracht.

49

52

53

50

54

55

51

56

Die Rückseite der Skulptur wird noch etwas verputzt.

Et voilá

Die groben Ausblock-Arbeiten sind vollendet. Alle weiteren Arbeiten finden in der Werkstatt statt.

Die in einigen Bildern deutlich sichtbare Verfärbung im Stamm kommt von Eisen im Holz.

Die Ursache können Nägel oder Drahtreste sein, häufig aber auch Geschosse, sei es von der Jagd oder aus dem 2. Weltkrieg.

Im Holzlager des Autors fand sich ein Stammrest, bei dem man die (vermutliche) Gewehrpatrone recht gut erkennen kann.

Feinarbeiten linker Pfosten

Die ausgeblockte und ein wenig mehr verfeinerte Eule, die spätere Form ist schon gut zuerkennen (Abbildung 42). Ich habe mich während des Schnitzes inspirieren lassen und bin ein wenig vom Modell abgewichen. Die Beine der Eule gehen seitlich weg und sind nicht gerade nach unten gerichtet. Ich fand, dass die seitlich ausgestellten Beine der Eule Dynamik verleihen und sie so aussieht, als ob sie gerade losfliegt.

Ich möchte Sie dazu ermutigen, dass Sie beim Schnitzen auf Ihre Intuition hören und in „Kommunikation" mit der Skulptur gehen. Es ist immer gut und hilfreich, wenn Sie sich vor dem eigentlichen Sägen klar darüber werden, wie Ihre Skulptur aussehen soll, indem Sie z. B. eine Zeichnung erstellen oder ein Modell aus Ton anfertigen oder schnitzen. Das bringt Sie nämlich dazu, sich mit allen Details der Skulptur zu beschäftigen, und verhindert „böse Überraschungen" dahingehend, dass Sie das Holz für die Skulptur zu gering dimensionieren. Aber gönnen Sie sich beim Sägen auch die Freiheit der Inspiration. Dabei kommen die schönsten Dinge heraus.

Nach dem Ausblocken gehe ich daran, die Grundform weiter auszuarbeiten. Ich versuche, der Eule zuerst eine Grundstruktur zu geben, bevor ich anfange, die Details auszuarbeiten. Das heißt, die Rundungen am Kopf, die spätere Flügelform und Körper sind fertig, bevor ich mit dem Gesicht, den Federn etc. anfange (Abbildung 43).

Abb. 41: der entsplintete Rohling

Das bedeutet nicht, dass das auch immer klappt. Besonders wenn ich eine neue Form ausprobiere, ist es so, dass ich mich an die Grundform herantasten muss. Ebenso oft kommt es auch vor, dass ich einen Stand erreiche, der mir am nächsten Tag schon nicht mehr gefällt und ich nacharbeite. Ich lasse die Form auf mich wirken. Gehen Sie in die Kommunikation mit der Skulptur!

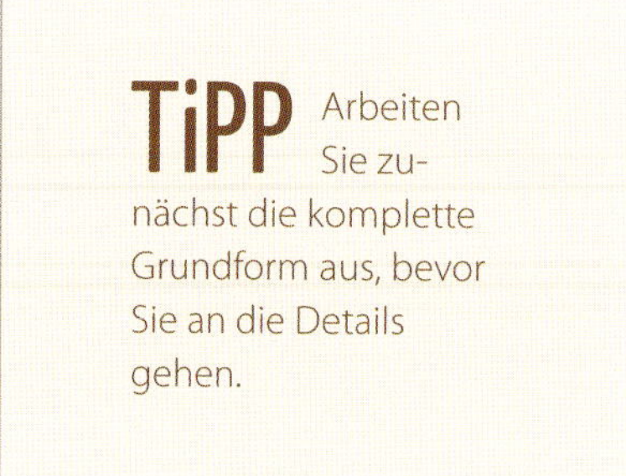
TiPP Arbeiten Sie zunächst die komplette Grundform aus, bevor Sie an die Details gehen.

Abb. 42

Abb. 43

Abb. 44

Abb. 45

Vorerst bin ich mit dem linken Pfosten fertig. Es kommt oft vor, dass ich die Skulptur ein paar Tage stehen lasse, bevor ich mich ihr wieder zuwende. Ich brauche diesen Abstand, um die Form auf mich wirken zu lassen. Ich wusste hier bereits, dass die Eule eigentlich noch viel zu „beleibt" ist, hatte aber zu dem Zeitpunkt kein Gefühl mehr für die Dimension. Bevor ich daher zuviel wegschneide oder irreparablen Schaden anrichte, gönne ich mir diese kreative Pause von ein paar Tagen. Wie in vielen anderen Lebensbereichen, ist es häufig sinnvoll, ein wenig Abstand zu bekommen. Oft reicht es schon, am nächsten Tag wieder in die Werkstatt zu kommen und ich sehe die Skulptur wieder mit neuen Augen und kann weitermachen.

TiPP Lassen Sie sich Zeit beim Schnitzen, erzwingen Sie nichts und geben Sie Ihrer Inspiration Raum.

Das Gesicht habe ich dann auch nochmal nachgearbeitet und auch die für Schleiereulen klassische Maske mit der Säge eingeschnitten (Abbildung 44).

Abb. 46 – 48: Feinarbeiten für das Eulengesicht erfolgen mit der Bandfeile

Abb. 47

Abb. 48

Rechter Pfosten: Ausblocken

Den rechten Pfosten habe ich ebenfalls zuerst entsplintet. Auch dieser Pfosten war von den Dimensionen ca. 1 m hoch und 40 – 45 cm im Durchmesser.

Ich habe zuerst die vordere Eule grob ausgeschnitten und die Schwanzfedern angedeutet (Abbildung 49).

Anschließend bin ich darangegangen, sowohl das spätere Zapfenloch (siehe Abbildung 50: 2) grob mit roter Signierkreide zu markieren, als auch eine Sicherheitsmarkierung (siehe Abbildung 50: 1) zu setzen. Die Sicherheitsmarkierung brauche ich dafür, dass ich nicht zu tief runter schneide und damit Gefahrt laufe, in das spätere Zapfenloch zu schneiden, in das später ja die Sitzfläche eingezapft wird. Da möchte ich mir genug Platz lassen. Den späteren Zapfen habe ich auch deshalb bereits eingezeichnet, um ein besseres Gefühl für die Dimensionen/den Abstand zur Oberkante zu erhalten. Es ist absolut ausreichend, den Zapfen nur grob anzureißen, da die Innenseite des Pfostens später noch gerade geschnitten wird und die Markierung damit wegfällt.

Die Sicherheitsmarkierung (Abbildung 51) schneide ich dann auch als erstes ein, um ganz deutlich zu machen, wie tief ich runterschneiden darf.

Abb. 49: Ausblocken rechter Pfosten

Abb. 50: Sicherheitsmarkierung und Zapfen

Abb. 51: Einschneiden Sicherheitsmarkierung

TiPP Markieren Sie deutlich und großzügig, damit Sie Ihre Markierung auch gut beim Schnitzen sehen und nicht darüber hinwegschneiden.

Abb. 52: Ausblocken 2. Eule

Abb. 53: Ausgeblockte 2. Eule

Anschließend blocke ich die zweite Eule grob aus (Abbildungen 52–53).

Ein Hilfsmittel, um die Propotionen am Gesicht optimal zu setzen, ist die Verwendung von Trennlinien. Ich sage da auch gerne Gesichtskreuz dazu. In Abbildung 54 habe ich nur die vertikale Trennlinie für die Gesichtsmitte und eine horizontale Trennlinie für die Augen eingezeichnet. Prinzipiell gibt es noch die horizontalen Trennlinien für Nase und Mund, diese nutze ich aber nur bei menschlichen Gesichtern (Abbildung 55). Die Trennlinie für den Schnabel hätte ich setzen können, den Schnabel habe ich aber frei Hand eingeszeichnet.

Abb. 54: das Gesichtskreuz hilft bei der Proportionierung

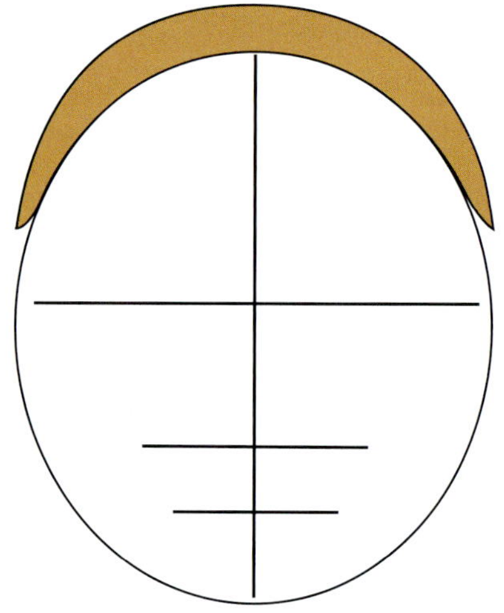

Abb. 55

Mit der Kettensägenspitze habe ich das Gesicht anschließend grob ausgesägt. Den Schnabel lasse ich zunächst lieber etwas dicker (Abbildung 56). Die Feinarbeit erfolgt dann mit der Bandfeile (siehe Abbildung 46–48).

TiPP Zeichnen Sie ein Kreuz auf das Gesicht, um den Verlauf von Nase und Augen zu kennzeichnen und zu proportionieren.

Abb. 56: Gesicht grob ausgesägt, bis zur Sicherheitsmarkierung gesägt, späterer Zapfen sichtbar

Abb. 57: Riss für Anschnitt der geraden Fläche rechter Pfosten

Abb. 58

Abb. 59

Abb. 60

Beide Eulen sind grob ausgearbeitet und ich kann jetzt die Innenseite des Pfostens gerade schneiden. In meiner Zeichnung ragt die vordere Eule über den Pfosten hinaus. Das ist nicht nur ein gestalterisches Element. Dass ich hier eine gerade Fläche anschneide hat noch den Vorteil, dass es einfacher ist, das Zapfenloch für die Sitzfläche auf einer geraden Fläche einzuzeichnen und den Zapfen mit Brüstung für eine gerade Fläche anzuschneiden.

Gut sichtbar in den Abbildungen 57 – 58 verläuft der Riss unter der Schwanzfeder hindurch. Das wird beim Anschneiden ein wenig herausfordernd, den Schnitt durchzuführen ohne die Schwanzfeder zu verletzen.

Anschneiden der Seite. Wegen der Schwanzfeder setze ich lieber mehrfach Schnitte, um die Schwanzfeder nicht zu verletzen. Hierfür taste ich mich von oben und von unten mit der Säge heran und kann den finalen Schnitt mit der Sägenspitze machen (Abbildungen 59 – 60).

TiPP tasten Sie sich an schwierigen Stellen an den finalen Schnitt heran, damit Sie nicht zu viel auf einmal abschneiden oder die Säge „ausrutscht".

Auf die fertige Fläche übertrage ich erneut meinen groben Riss , wo die Sitzfläche später eingezapft wird.

Abbildung 61 zeigt ein besonderes Fundstück: eine Larve des Großen Eichenbocks. Die Fraßgänge waren ja bereits sichtbar geworden und hier habe ich dann auch mal ein Exemplar gefunden.

Abb. 61: Larve des Großen Eichenbocks

Die Eulen nehmen immer mehr Form an (siehe Abbildung 62). An der vorderen Eule ist das Gesicht fertig gesägt und auch die Füße mit Krallen sind gesägt. An der zweiten Eule ist schon das Gefieder inklusive der Schwanzfedern gesägt. Im Gegensatz zu meiner Skizze habe ich auch an der zweiten Eule die Schwanzfeder über den Sockel ragen lassen und den Sockel dafür gerade abgeschnitten. Der Hintergrund der Eule – sie sitzt ja vor einer Steinwand – habe ich auch schon eine Struktur eingesägt, die an gebrochenen Stein erinnern soll. Diesen Hintergrund brauche ich, um die Lehne später darin einzusägen und zu befestigen.

Abbildung 63 zeigt, wie ich das Gesicht der zweiten Eule finalisiere. Die Maske der Eule ist bereits eingesägt und mit der Bandfeile sauber ausgearbeitet, das Gesicht geschliffen. Jetzt müssen nur noch die Augen mit dem Geradschleifer und Augenfräsern gefräst werden. Man könnte die Augenfräser auch „Augenbrenner" nennen. Durch die hohe Drehzahl verbrennt das Holz, man erhält sehr schöne schwarze Augen. Sie brauchen dafür definitiv eine sehr hohe Drehzahl, eine Bohrmaschine ist für den Einsatz der Augenfräser nicht geeignet. Abbildung 63 zeigt sehr gut die Rauchentwicklung bei diesem Vorgang. Nach dem Fräsen musste ich ordentlich durchlüften, um den Qualm und den Brandgeruch aus der Werkstatt zu bekommen.

Beim Fräsen der Augen setze ich den Augenfräser zunächst auf beiden Augen nur kurz an, um die Konturen der Augen zu fräsen. Dann schaue ich, ob die Augen auch an der richtigen Stelle und gleicher Höhe sitzen. Setzen Sie den Geradschleifer ruhig ab und gehen ein paar Schritte von der Skulptur weg, um besser beurteilen zu können, ob alles passt. Mit Abstand betrachtet nehmen Sie Ihre Skulptur in Gänze wahr und sehen sofort, ob es noch Stellen gibt, die unharmonisch wirken und das Gesamtbild stören. Sollte ich feststellen, dass ich die Augen noch versetzen muss, ist das dann immer noch möglich. Erst danach fräse ich die Augen komplett. Sobald Sie die Augen komplett eingefräst haben und danach feststellen, dass Sie sie versetzen müssen, weil sie z. B. auf unterschiedlicher Höhe eingefräst sind, müssten Sie das gesamte Gesicht tiefer setzen … Das kann die Wirkung der kompletten Eule verändern, weil ja der Kopf „flacher" wird (Abbildung 64).

Abb. 63: Augen fräsen

TiPP Nehmen Sie sich zwischendurch immer mal eine Auszeit und betrachten Sie Ihre Skulptur aus ein paar Metern Entfernung und aus allen Richtungen. Nur so erkennen Sie, ob es noch Stellen gibt, die unharmonisch sind.

Abb. 62: Die Eulen nehmen Form an.

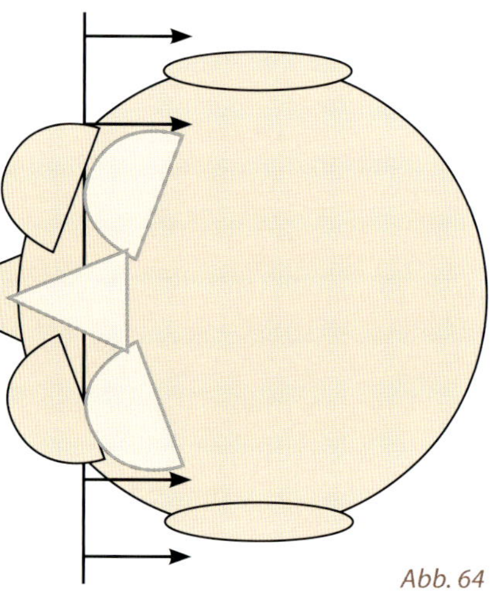

Abb. 64

Abb. 65 : fertige Augen gefräst

Linker Pfosten: Oberteil und Sockel

Als nächstes soll der linke Sockel auf Länge geschnitten werden, damit die Eule mit den geöffneten Flügeln darauf positioniert werden kann. Anschließend wird dann noch der Überstand des Sockels abgeschnitten. Im Ergebnis sollen die Eule und der untere Sockel so aussehen, als ob sie aus einem Stück gemacht wären.

Zunächst muss ich den Stammabschnitt, der den unteren Sockel geben soll, auf die gewünschte Länge abschneiden. Legen Sie den Sockel dazu auf die Seite, stabilisieren Sie ihn und führen dann einen möglichst rechtwinkligen Schnitt aus. Mein Sockel verläuft von unten bis nach oben konisch, ist unten also breiter als oben. Daher muss die Oberseite etwas höher liegen als die Unterseite, damit der Schnitt auch halbwegs rechtwinklig wird und im Wasser ist, wenn der Sockel steht (Abbildung 66).

Abb. 66: Sockel rechtwinklig auf Länge schneiden

Abb. 69

Den Sockel rechtwinklig anzuschneiden, erfordert ein wenig Übung. Falls Sie das vorher noch nicht gemacht haben, empfehle ich Ihnen, ein paar Übungsschnitte an einem Probestück zu setzen, bevor Sie sich am Sockel versuchen. Am Sockel selber haben Sie ja nicht allzu viele Versuche, bevor er zu kurz wird.

TiPP Üben Sie rechtwinkelige und gerade Schnitte an Probestücken, bevor Sie an Ihrem Werkstück den finalen Schnitt vornehmen.

Ein Trick, um einen möglichst geraden Schnitt hinzubekommen, ist, während des Schneidens durch den Schnitt hindurch auf die Säge zu peilen. Säge und Schnitt müssen in einer Linie sein. So sehen Sie sofort, ob die Säge verläuft oder ob Sie noch gerade schneiden und wo Sie gegensteuern müssen (siehe auch Abbildung 6, Entsplinten).

Kontrollieren Sie mit der Wasserwaage, wie uneben die Auflagefläche ist, ob überhaupt nachgeschnitten werden muss. Ich muss hier auf jeden Fall nachschneiden, die Auflage ist zu uneben und die Eule würde zu stark kippeln.

Abb. 70: eine ebene Auflage

Anmerkung des Verlages: fehlende Bildnummern sind technisch bedingt. Es fehlen keine Bilder.

TiPP Sichern Sie IHre Skulptur gut und richten diese aus, damit sie beim Schneiden nicht verdreht.

Der linke Pfosten ist zusammengesetzt. Jetzt kann ich grob Maß nehmen, um die Länge der Sitzfläche zu bestimmen und damit festzulegen, wie viel Platz die Bank bieten soll. Es gab ja prinzipiell eine Von-Bis-Vorgabe des Kunden und ich möchte überprüfen, welche Breite sich harmonisch anfühlt und aussieht. Man soll sich ja nicht beengt vorkommen, wenn man zwischen den Eulen sitzt (Abbildungen 71 – 72).

Und die Bank soll auch nicht zu gedrungen aussehen. Das Gesamtbild sollte harmisch sein. Natürlich sollten Sie mit Ihrem Kunden Rücksprache halten, wenn die Bank aus Ihrer Sicht doch breiter werden sollte, als gewünscht. Eventuell hat der Kunde ja bereits einen festen Platz für die Bank ausgesucht und dort ist nur so viel Platz, wie von ihm vorgegeben. In dem Fall wäre es schlecht, wenn die Bank zu breit wird. Das können Sie im Zweifelsfall nacharbeiten, ist aber nicht so schön.

Nehmen Sie sich auch hier genug Zeit, bis Sie mit dem Gesamtbild zufrieden sind. Dieser Arbeitsschritt ist entscheidend für das spätere Ergebnis und ein **kritischer Erfolgsfaktor** für Ihr Bankprojekt. Warum kritischer Erfolgsfaktor? Weil Sie jetzt und hier das spätere Erscheinungsbild der Bank bestimmen. Sie bestimmen genau hier die Breite und damit die Größe der Bank.

Wenn Sie die Pfosten so positioniert haben, dass Sie zufrieden sind, dann messen Sie den Zwischenraum zwischen den Pfosten für die Sitzfläche. Dieses Maß ist das lichte Maß. Dazu müssen Sie noch die länge der Zapfen addieren, um auf das Endmaß zu kommen.

Länge Sitzfläche = Lichtes Maß + 2 x Zapfenlänge

Das Endmaß der Lehne messe ich später ab, wenn durch die eingezapfte Sitzfläche die finale Breite der Bank feststeht.

Im Anschluss muss der obere Teil mit der Eule noch an den unteren Sockel angepasst werden. Ich habe sowohl den oberen Eulen-Sockel als auch den unteren Sockel mit Absicht überdimensioniert gelassen, damit ich genug Spiel mit der Eule habe. Die Eule kann jetzt noch gut ausgerichtet werden und in die spätere Endposition gedreht werden. Anschließend lässt sich der Überstand ganz einfach absägen (siehe Abbildungen 73 – 74).

Abb. 71

Abb. 72: Maßnehmen für die Breite der Sitzfläche

TiPP Stellen Sie Ihre Pfosten auf und nehmen Sie Maß für die Breite der Sitzfläche. Setzen Sie sich dazwischen, damit Sie ein Gefühl für die optimale Breite bekommen.

Abb. 73: Finale Form oberer Sockel, Überstände am unteren Sockel abschneiden

In Abbildung 73 sieht man, dass ich den oberen Eulen-Sockel bereits auf Endmaß gebracht habe. Die Eule habe ich dann auch auf dem unteren Sockel ausgerichtet und in die fertige Position gedreht. Jetzt kann ich die Überstände am unteren Sockel abschneiden. Dazu lasse ich die Eule einfach so stehen und schneide direkt die Überstände ab. So bekomme ich einen nahtlosen Übergang.

TiPP Schneiden Sie den unteren Teil des Sockels erst zu, wenn Sie die finalen Maße des Oberteils haben.

Abb. 74: der untere Sockel bekommt seine finale Form

Die Überstände am unteren Sockel sind abgeschnitten, siehe Abbildung 74. Hinten lasse ich den unteren Sockel mit Absicht auslaufen, um so eine möglichst große Standfläche und damit Stabilität zu behalten. Der linke Pfosten ist recht lang und mit der fliegenden Eule auch ein wenig „kopflastig". Die Bank darf nicht nach hinten kippen, wenn man sich mit Schwung draufsetzt.

TiPP Achten Sie bei hohen Skulpturen auf Standsicherheit.

Abb. 76: Pfosten strukturieren mit der Kante der Kette

Die Fuge zwischen Ober- und Unterteil ist fast komplett geschlossen (Abbildung 74). Vorne ist noch eine kleine Unebenheit, mit der ich aber aufgrund der Sockelgestaltung leben kann. Der Sockel bekommt eine „Steinstruktur", die an Bruchstein oder Schiefer erinnern soll. Somit wird die verbliebene kleine Spalte nicht weiter auffallen, ist also in diesem Fall nicht weiter schlimm.

Um die gewünschte „Bruch-Stein"-Oberfläche zu erhalten, schneide ich mit der Kante der Säge Riefen in die Pfosten (Abbildung 76). Die Riefen schneide ich in verschiedenen Winkeln und in unterschiedlichen Tiefen, um eine einigermaßen natürliche Struktur zu erhalten.

In Abbildung 77 sieht man gut, wie unterschiedlich die Struktur geworden ist mit den verschiedenen Tiefen und Winkeln. Teilweise ist die Oberfläche nur angeritzt, teilweise aber auch deutlich eingeschnitten.

Das erste Steinmuster ist eingeschnitten. Schon sieht man die Unebenheit zwischen Oberteil und Sockel nicht mehr (Abbildung 79).

An der Innenseite lasse ich das Muster noch weg, weil ich so das Zapfenloch besser einzeichnen kann (Abbildung 77). Auf einer glatten Oberfläche zeichnet es sich besser und das angerissene Zapfenloch ist auch deutlich besser zu erkennen.

TiPP Achten Sie darauf, dass Sie die Innenseite erst nach dem Einschneiden der Zapfenlöcher strukturieren, damit Sie noch auf einer glatten Fläche zeichnen können.

Schablonenbau für Sitzfläche und Lehne

Um die Aufnahme für die Sitzfläche und die Lehne sauber auf die Sockel aufzeichnen und einschneiden zu können, benutze ich eine Schablone (siehe Abbildung 80). Diese habe ich mir aus ca. 8 mm Sperrholz erstellt. Die Dicke des Sperrholzes ist nicht wirklich entscheidend. Entscheidend ist, dass Sie die Schablone leicht bearbeiten und damit hantieren können.

Als Vorlage für die Schablone habe ich mich an den Maßen eines gemütlichen Stuhls orientiert (siehe Abbildung 81). Mein Stuhl ist nicht sonderlich hübsch, aber man kann sehr gemütlich darauf sitzen, er ist „gut geschnitten". Die Sitzfläche ist ein wenig nach hinten abschüssig und die Lehne nach hinten ausgestellt. Damit ist er auch ideal dafür geeignet, sich „hineinzuflezen" und auch dabei noch gemütlich.

Für mich ist beim Schnitzen einer Bank das Wichtigste, dass man später gut und bequem auf der Bank sitzt. Man könnte sagen, dass generell die Optik der Bank der Funktionalität folgt. Der aus dem Produktdesign und der Architektur

Abb. 77: strukturierter Pfosten

Abb. 78: Innenseite Pfosten

Abb. 79: Steinmuster angeschnitten, die Innenseite aber noch freigelassen

Abb. 80: Schablone

Abb. 81: Vorlage für die Schablone: ein gemütlicher Stuhl

Abb. 82: Winkel Sitzfläche zu Lehne

Abb. 83: Abstand Lehne zu Sitzfläche

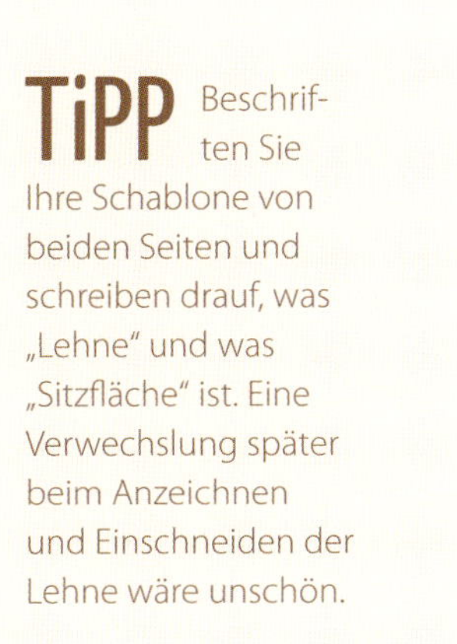
TiPP Beschriften Sie Ihre Schablone von beiden Seiten und schreiben drauf, was „Lehne" und was „Sitzfläche" ist. Eine Verwechslung später beim Anzeichnen und Einschneiden der Lehne wäre unschön.

Abb. 84: Schablone passt!

bekannte Satz „form follows function" hat auch hier Geltung! Wählen Sie also einen Stuhl, auf dem Sie bequem sitzen. Das ist das oberste Gebot. Lassen Sie hier bitte Sorgfalt walten.

Der richtige Stuhl als Vorlage für die Schablone ist ein kritischer Erfolgsfaktor für eine rundum gelungene Bank. Eine unbequeme Bank wird nicht genutzt, es wird sich niemand gerne draufsetzen.

Da kann sie noch so schön geschnitzt sein. Es wäre aus meiner Sicht einfach zu schade, sich die ganze Arbeit zu machen, wenn die Bank im Anschluss nicht genutzt wird.

Wichtig ist beim Stuhl der Winkel von Sitzfläche und Lehne (siehe Abbildung 82), sowie der Abstand der Oberkante der Lehne von der Sitzfläche, also die Länge der Lehne (siehe Abbildung 83).

TiPP Wählen Sie einen gemütlichen Stuhl als Vorlage für Ihre Schablone. Das ist ein kritischer Erfolgsfaktor für die Bank.

Bauen Sie Ihre Schablone so, dass die Lehne der Schablone genau so lang ist wie die Lehne Ihrer Vorlage, damit Sie später die Oberkante der Lehne exakt am Pfosten anzeichnen können (Abbildung 84). Die Oberkante ist unser Orientierungspunkt. Warum ist das wichtig? Prinzipiell könnte man sagen, dass man ja nur den Mittelpunkt der Stuhllehne braucht. Man überträgt den Mittelpunkt der Lehne auf den Pfosten und nimmt eine beliebig breite Bohle, mittelt diese und bringt beide Punkte übereinander. So hat man dann auch die Lehne an der richtigen Stelle. Das ist prinzipiell korrekt. Allerdigs sollen Sie ja auch noch die Möglichkeit haben, im Sitzen den Arm über die Lehne zu legen, ohne sich dabei die Schulter auszukugeln. Daher ist die Oberkante unser Orientierungspunkt und neben dem konstruktiven Charakter (auf das ich weiter unten eingehe, Abb 90) eben ein echter „Gemütlichkeitsfaktor".

Die Sitzfläche kann ein wenig in der Breite variieren, diese muss also nicht exakt so breit sein, wie die Sitzfläche des Stuhls/Ihrer Vorlage.

Holzauswahl Sitzfläche und Lehne

Beim Kauf der Bohlen habe ich bereits im Kopf gehabt, welche Bohle ich später als Sitzfläche und welche als Lehne benutzen werde. Die Bohle für die Lehne habe ich daher bewusst schmaler ausgewählt. Zunächst einmal muss eine Lehne aus rein funktioneller Sicht nicht allzu breit sein. Und dann ist es schlicht auch eine Preisfrage. Eiche rustikal kostet bei uns in der Gegend im Holzhandel 1.600 €/m^3. Wenn Sie die Lehne als Zierelement einplanen, zum Beispiel auch beschnitzen wollen oder mit einem Brennpeter beschriften, dann sollte die Lehne natürlich entsprechende Dimensionen aufweisen. Dies ist bei mir aber nicht der Fall.

Abbildung 85 und Abbildung 86 zeigen die Bohlen für die Lehne und die Sitzfläche, Eiche Rustikal in 52 mm Stärke.

Die Sitzfläche hat mit knapp 40 cm eine gute Breite. Die Lehne ist knapp 25 cm breit. Um das Rechenbeispiel komplett zu machen: Die Bohle für die Lehne ist 2,5m lang. Hätte ich die Lehne auch in 40 cm Breite gekauft, wäre diese ca. 30 € teurer gewesen.

Abb. 85: die Lehne

Abb. 86: die Sitzfläche

Abb. 87: Höhe der Sitzfläche bestimmen

Anreißen der Sitzfläche und Lehne

Wir reißen nun die Zapfenlöcher auf beiden Sockeln an und zeichnen auch die Lehne ein. Wir starten mit den Zapfenlöchern. Mit welchem Pfosten Sie anfangen ist Ihnen überlassen, ich fange mit dem linken an.

Messen Sie als erstes am Sockel von unten die Oberkante der Sitzfläche ab (siehe Abbildung 87). Laut „Holztechnik Tabellenbuch"* liegt die ideale Sitzhöhe für Stühle zwischen 38 cm und 48cm. Am besten, Sie messen an Ihrem Stuhl nach, den Sie als Vorlage für „gemütliches Sitzen" auserkoren haben und übertragen dieses Maß. In meinem Beispiel markiere ich 45 cm als Oberkante der Sitzfläche.

Zum exakten Anreißen der Höhe und des Zapfens benutze ich einen Bleistift, denn nun muss ich genau arbeiten. Die Signierkreide wäre für diesen Fall ein ungeeignetes Werkzeug.

Mithilfe der Wasserwaage reiße ich die Oberkante der Sitzfläche auf dem Pfosten an und ziehe einen geraden und vor allem waagerechten Strich, deshalb auch die Wasserwaage Abbildung 88)! Dieser Riss ist später die fertige Oberkante meiner Sitzfläche. Damit

* Europa Lehrmittel: Holztechnik Tabellenbuch, Leichlingen 1999, 2. Auflage, S. 197

Abb. 88

Abb. 89: waagerechten Riss einzeichnen

Abb. 90

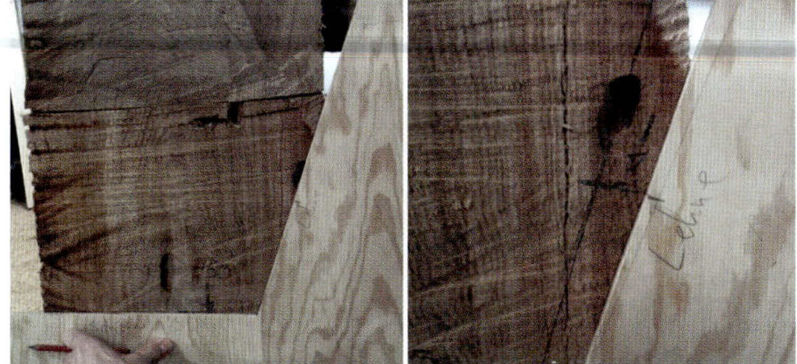
Abb. 91: Übertragen der Unterkante der Lehne auf den Sockel

ich den Riss besser sehe, kennzeichne ich den Riss, indem ich das Maß auch noch auf die Fläche schreibe (siehe Abbildung 89). Auch für die Kennzeichnung des Risses benutze ich Bleistift und keine Signierkreide, weil ich die Kennzeichnung anschließend wieder entfernen muss. Signierkreide kann recht hartnäcking sein, der Bleistiftriss lässt sich da schon einfacher abschleifen.

Ein **wichtiger Hinweis** an dieser Stelle: der Stuhl, der als Vorlage für die Schablone dient, hat eine nach hinten abfallende Sitzfläche. Dies ist für einen Stuhl, der im Aussenbereich benutzt wird, auch sehr sinnvoll, damit Regenwasser abläuft und nicht auf der Sitzfläche stehen bleibt. Diese Art der Konstruktion nennt man „konstruktiver Holzschutz". Sie bauen also das Möbel so, dass die Konstruktion bereits den Holzschutz und damit die Langlebigkeit des Möbels unterstützt.

Meine Bank wird später nicht unter freiem Himmel stehen, sondern auf einer überdachten Terasse. Ich setze die Sitzfläche daher mit absicht waagerecht. Den „gemütlichen Winkel" behalte ich dadurch trotzdem bei.

Bitte übertragen Sie nun die Breite der Lehnen-Bohle auf die Schablone. Ich zeichne die Unterkante der Lehne auf der Schablone ein (siehe Abbildung 90), damit ich dieses Maß auf den Pfosten übertragen kann. So weiß ich genau, wo die Unterkante der Lehne später am Pfosten ansetzt. Jetzt wird auch deutlich, warum die Maße der Lehne der Schablone identisch mit Ihrer Vorlage sein muss.

Nehmen Sie jetzt die Schablone mit der Markierung für die Unterkante der Lehne und setzen Sie die Schablone am Pfosten an Ihren Riss für die Oberkante der Sitzfläche. Diesen Riss haben Sie vorher bereits auf den Pfosten eingezeichnet (siehe Abbildung 88).

TiPP Wenn Sie die Unterkante der Lehne auf der Schablone einzeichnen und von dort auf den Pfosten übertragen, stellen Sie damit auch sicher, dass die Lehne später parallel zur Sitzfläche verläuft.

Schieben Sie nun die Schablone soweit auf dem horizontalen Riss entlang, bis Sie genug „Fleisch" für die Lehne haben. Die Lehne soll stabil in der Skulptur verankert sein, dafür sollte sie ca. 1/3 ihrer Breite als Auflage haben und in die Skulptur eingeschnitten werden. Markieren Sie den Verlauf der Lehne auf dem Pfosten und reißen Sie auch gleich die Unterkante der Lehne auf dem Pfosten an (siehe Abbildung 91). Bis zur Unterkante werden Sie später einschneiden, also kennzeichnen Sie sowohl die Unterkante als auch den seitlichen Riss deutlich.

Benutzen Sie dafür Bleistift oder Kuli, mit diesen können Sie einen sauberen und vor allem dünnen Riss zeichnen. Warum dünn? Sie müssen später sehr genau arbeiten und brauchen Orientierung beim Schneiden. Ein dicker Riss mit Signierkreide wäre hier fatal.

Wiederholen Sie diesen Vorgang zum Anreißen der Oberkante der Sitzfläche und der Lehne auf dem rechten Pfosten (Abbildung 92).

Abb. 92: Anreißen der Lehne am rechten Pfosten

An dieser Stelle zeigt sich, ob Sie gut geplant haben. Wenn die Skulptur zu geringe Dimensionen aufweist, dann werden Sie hier ein Problem bekommen. Entweder hat die Lehne zu wenig Platz oder aber der Zapfen der Sitzfläche wird zu schmal, weil Sie die Sitzfläche nach vorne verschieben müssen, um genug „Fleisch" für die Lehne zu haben! Daher ist es wirklich wichtig, hier keine Fehler zu machen.

Aber selbst wenn Sie merken, dass Sie nicht mehr genug Fleisch haben, um die Lehne in den Pfosten einzulassen, dann ist das kein Beinbruch. Improvisieren Sie! Sie können die Lehne im Notfall auch noch mit großen Metallwinkeln an der Sitzfläche befestigen. Auf diese Art macht mein Schnitzer-Kollege Stephan Block gerne seine Bänke (siehe Wald- und Minenarbeiter Bank)

Abb. 93: Abschnitt der Sitzfläche als Schablone

Nun sind sowohl die Lehne als auch die Oberkante der Sitzfläche auf beiden Pfosten angerissen und wir können uns daran machen, das Zapfenloch auf beiden Pfosten exakt anzureißen. Da die Bohlen alle unterschiedliche Maße (Breite und Dicke) haben, ist es das Einfachste, wenn wir die exakten Maße unserer Sitzflächen-Bohle direkt auf die Pfosten übertragen. Dafür schneide ich ein schmales Stück von der Sitzflächen-Bohle ab (siehe Abbildung 93).

TiPP Schneiden Sie ein kurzes Endstück der Sitzfläche ab, um die Sitzfläche mit der vorhandenen natürlichen „Biegung" der Bohle und den exakten Maßen auf den Pfosten zu übertragen.

Durch die Risse am Endstück ist mir der Abschnitt ausenandergefallen, weshalb ich ihn mit Tape wieder zusammengeklebt habe. Nur deshalb ist das schwarze Tape um den Abschnitt geklebt.

Halten Sie den Abschnitt an den Pfosten, mit der Oberkante an die entsprechende Markierung für die Oberkante der Sitzfläche (siehe Abbildung 94). Nun zeichnen Sie sowohl die Oberkante und auch die Unterkante deutlich nach. Damit übertragen Sie sowohl die Form des Bohlen-Abschnitts mit der Krümmung als auch die exakte Dicke der Bohle. So bekommen Sie später ein passgenaues Zapfenloch.

Abb. 94: Abmessungen der Sitzfläche auf den Pfosten übertragen

Abb. 95: Zapfenloch markieren

Abb. 96: Sitzfläche und Zapfen anreißen rechter Pfosten

Wir werden die Bohle später noch schleifen, damit diese sauber ist. Dadurch wird die Bohle noch etwas dünner werden. Ich schleife den Zapfen nicht mit, um weiterhin einen passgenauen Zapfen zu haben. Wenn Sie aber den Zapfen auch schleifen möchten, dann empfehle ich Ihnen, die Bohle zuerst zu schleifen, bevor Sie das Zapfenloch exakt anreißen, damit auch der Abschnitt zum Übertragen der Dicke bereits Endmaß hat. Der Nachteil einer vorab geschliffenen Bohle allerdings ist, dass Sie aufpassen müssen, dass die Bohle nicht mehr dreckig wird. Ansonsten haben Sie doppelte Arbeit.

Markieren Sie nun auch die Breite des Zapfenlochs (siehe Abbildung 95). Auch die Breite können Sie von dem Bohlenabschnitt direkt übertragen. Es gilt: gesundes Augenmaß reicht für die Breite aus. Im Zweifel machen Sie den Zapfen lieber etwas breiter als zu schmal. Ein absolutes Mindestmaß für die Breite des Zapfens wäre für mich 1/3 der Bohlenbreite. Die Breite des Zapfens hängt aber auch davon ab, wie breit später Ihre Bank wird, respektive für wie viele Menschen sie Platz bieten soll. Der Zapfen muss schließlich halten und darf nicht abscheren oder verdrehen.

Am rechten Pfosten wiederhole ich den Vorgang zum Anreißen des Zapfenlochs. Am rechten Pfosten fällt der Zapfen etwas kleiner aus, weil mir die Schwanzfeder der Eule im Weg ist. Für meine Fälle reicht das aber noch völlig aus (Abbildung 96).

Sie müssen hier darauf achten, dass der Zapfen genug Auflage hat, damit die Sitzfläche nicht verdrehen kann, wenn man sich später z. B. auf die vordere Kante setzt. Sie sehen in dem Bild, dass ich nur eine relativ kleine Fläche für den Zapfen gelassen habe (etwas weniger als die Hälfte der Breite der Bohle), wo später der Zapfen in den Pfosten verschwindet. Da wir hier einerseits mit harter Eiche in ausreichender Dicke arbeiten und andererseits die Bank später Platz für maximal 2 Personen bietet, ist das aber absolut ausreichend. Aber das ist natürlich auch von Projekt zu Projekt unterschiedlich. Wichtig ist nur, dass Sie diesen Umstand bei der Planung Ihres Projekts von Beginn an berücksichtigen.

Die Sitzfläche weiter nach hinten verschieben geht leider auch nicht, weil wir ja durch die Lehne eine Vorgabe haben, wo die Sitzefläche beginnt (siehe Schablone).

Wenn Sie beide Zapfenlöcher angerissen haben, können wir uns daran machen, die Sitzfläche für das Anreißen und Anschneiden der Zapfen vorzubereiten. Dazu müssen zunächst die Enden der Sitzflächen-Bohle im richtigen Winkel an die fertig ausgerichteten Pfosten angeschnitten werden. Jetzt können Sie noch die Drehung der Pfosten entscheiden (vergleiche auch Abb 72. Dort haben Sie die Breite bestimmt.).

Achtung: Diesen Punkt jetzt nicht überlesen. An dieser Stelle haben wir wieder einen **kritischen Erfolgsfaktor.** Sie entscheiden genau jetzt darüber, in welche Richtung die Eulen später schauen sollen. Sie entscheiden genau jetzt über das spätere Gesamt-Erscheinungsbild Ihrer Bank. Nehmen Sie sich also hier Zeit zum Überlegen und Ausprobieren.

Für meine Bank möchte ich, dass die Eulen später nach vorne zum Betrachter schauen. Auf dem Bild sind die Pfosten ausgerichtet und ich kann die Schmiegen an die Enden der Sitzfläche anschneiden.

Am rechten Pfosten liegt die Sitzfläche gut an (siehe Abbildung 97). Am linken Pfosten ist noch ein Spalt zwischen der Sitzfläche und dem Pfosten (siehe Abbildung 98). Wenn die Sitzfläche später im Pfosten eingezapft ist, muss die Brüstung des Zapfens genau am Pfosten anliegen und es sollte kein Spalt mehr zu sehen sein. Daher muss die Schmiege jetzt angepasst werden.

Da der Spalt nicht ganz so breit ist, kann ich die Wasserwaage als Parallelanschlag benutzen und so die exakte Schmiege* auf die Sitzfläche übertragen (Abbildung 100).

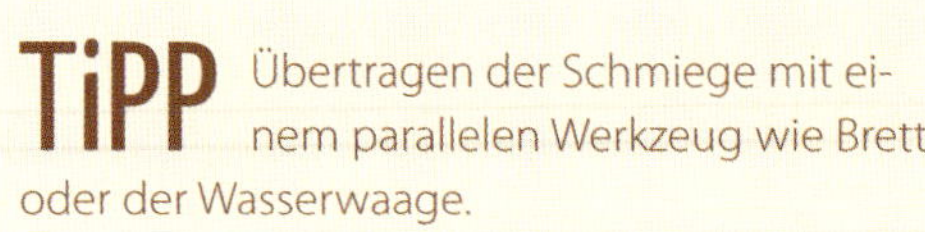

TiPP Übertragen der Schmiege mit einem parallelen Werkzeug wie Brett oder der Wasserwaage.

Darum geht es bei diesem Schritt: wir müssen die Schmiege sauber auf die Sitzfläche übertragen, um diese dann später auf die Brüstung des Zapfens parallel zu verschieben (siehe Abbildung 99).

In Abbildung 102 sehen Sie eine schematische Zeichnung des Zapfens und links und rechts davon die Brüstung. In unserem Fall muss das Zapfenende nicht zwingend gerade sein, wir arbeiten hier mit einem Blindzapfen, d.h. dass der Zapfen das Zapfenloch nicht durchstößt und später nicht mehr sichtbar ist. Wichtig ist die Brüstung, diese ist später sichtbar und sollte wie gesagt ganz am Pfosten anliegen.

Abb. 97: Winkel Sitzfläche zum rechten Pfosten

Abb. 98: Winkel Sitzfläche linker Pfosten mit Schmiege

Abb. 99: Schmiege mit Parallelanschlag übertragen Pfosten mit Schmiege

Abb. 100: Schmiege auf Sitzfläche übertragen

Abb. 101: Pfosten ausrichten und Enden der Sitzfläche anpassen

* Eine Schmiege ist eigentlich ein Werkzeug zum Übertragen von unbestimmten Winkeln, wird hier aber zur Bezeichnung des unbestimmten Winkels benutzt.

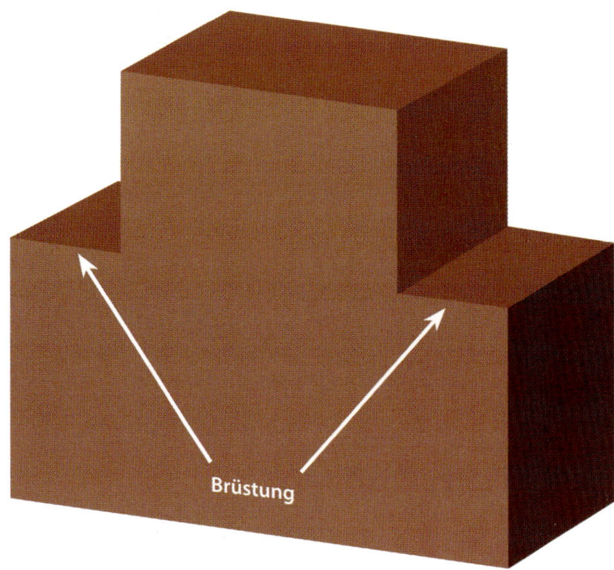

Abb. 102: Zapfen mit Brüstung

Nun haben Sie von den ausgerichteten Pfosten die passenden Schmiegen an die Enden der Sitzfläche übertragen. Jetzt können Sie den Zapfen auf der Bohle anreißen. Halten Sie dafür die Bohle an das angerissene Zapfenloch und übertragen die Breite des Zapfens direkt auf die Bohle (siehe Abbildung 103).

Ich hatte mein Motiv so geplant, dass die beiden Eulen des rechten Pfostens über den Sockel hinausragen, auf dem sie sitzen. Daher ist jetzt die Schwanzfeder ein wenig im Weg und muss aus der Sitzfläche ausgeklinkt werden. Den Bereich habe ich grob nach Augenmaß angerissen. Dieser verschiebt sich aber noch weiter nach hinten, weil zunächst der Zapfen mit Brüstung ja noch ausgeschnitten werden muss. Diese Markierung dient mir hier lediglich als Hinweis für einen späteren Arbeitsschritt (siehe Abbildung 104).

Sobald Sie auf beiden Seiten die exakte Zapfenbreite von den Pfosten auf die Sitzflächen-Bohle übertragen haben, können Sie die Zapfenlänge abmessen (siehe Abbildung 105) und die Schmiege über einen Parallelanschlag bis auf die Brüstung des Zapfens verschieben. Sie sehen in Abbildung 106 gut, wie das aussehen soll. Die Brüstung des Zapfens hat einen anderen Winkel, als das Ende der Bohle. Sie können, wenn Sie wollen, auch die Bohle genau im Winkel der Schmiege anschneiden. Für mich ist das ein unnötiger zusätzlicher Arbeitsschritt, den ich weggelassen habe. Wie bereits erwähnt, wir arbeiten mit einem Blindzapfen, der Zapfen verschwindet später im Zapfenloch und ist nicht mehr sichtbar.

Zunächst hatte ich einen Zapfen von 10 cm geplant. Aber dann wäre die verbliebene Sitzfläche zu klein geworden. Daher habe ich später doch nur einen Zapfen von 5 cm angeschnitten.

Abb. 103: Übertragen der Zapfenbreite

Abb. 104: die Schwanzfeder ist im Weg und muss in der Bohle noch ausgeschnitten werden

Abb. 105: Anreißen Zapfenlänge

Anschneiden der Zapfen

Die Breite der Zapfen haben wir nun auf die Bohle übertragen und auch die Brüstungen sind eingezeichnet.

Kennzeichnen Sie deutlich, was weggeschnitten werden soll. Ich habe dafür wieder die rote Signierkreide benutzt. Das hat den Vorteil, dass Sie sofort sehen, wo Sie schneiden müssen und auch auf welcher Seite des Risses Sie schneiden müssen. Die Abbildungen 106 und 107 zeigen die Markierungen auf den beiden Zapfen.

Bevor Sie aber nun zur Säge greifen, hier noch ein Trick aus dem Blockhausbau: ritzen Sie Quer- und Längsschnitte mit einem Messer ein, um ein Ausfransen der Schnittkanten zu vermeiden (siehe Abbildung 108). Besonders die Bohle neigt zum Splittern, weil sie trocken ist. Aber auch die sichtbaren Kanten am Pfosten sollten Sie einschneiden.

In Abbildung 109 ist die eingeschnittene Stelle auch gut zu erkennen. Der Schnitt verläuft direkt auf dem Riss und erscheint hier dunkel.

TiPP Kennzeichnen Sie deutlich, was weggeschnitten werden soll und schneiden Sie die Schnittkante mit einem scharfen Messer vor, besonders quer zur Holzfaser, um ein Ausreißen der Schnittkanten zu vermeiden.

Jetzt kann der Zapfen ausgeschnitten werden. Befestigen Sie die Bohle gut, damit diese der Säge beim Schneiden nicht ausweichen kann. Hier gilt es nun, sehr sauber zu schneiden. Damit Sie mehr Kontrolle über die Säge haben, wieder ein Trick, den ich aus dem Blockhausbau kenne: Legen Sie die Säge an Ihr Bein oder Ihre Hüfte an, damit Sie eine bessere Führung und damit einen genaueren Schnitt bekommen. Die Säge bekommt durch den Köperkontakt mehr Ruhe und erlaubt feinere Schnitte. Sie können die Säge mit Ihrem Körper führen (siehe Abbildung 110).

Abb. 106: eingezeichneter linker Zapfen

Abb. 107: eingezeichneter rechter Zapfen

Abb. 108: Vorschneiden der Längs- und Querschnitte

Abb. 109: Vorschnitt ist gut zu erkennen

Abb. 110: Führen Sie die Säge mit Ihrem Körper

Abb. 111: Vorschneiden der Längs- und Querschnitte

Abb. 112: Breite Zapfen überprüfen

TiPP Überprüfen Sie, ob der angeschnittene Zapfen noch mit dem eingezeichneten Zapfenloch übereinstimmt und korrigieren Sie das Zapfenloch bei Bedarf.

Sie werden sehen, wie sauber man mit dieser Technik arbeiten kann und welch feine Ergebnisse sich mit dem „groben" Werkzeug Kettensäge erzielen lassen.

Achten Sie bitte darauf, dass die Brüstungen der Zapfen sauber geschnitten sind und kein Holz in der Innenkante stehen bleibt. Diese würde ein exaktes Anliegen der Brüstung am Pfosten verhindern (Abbildung 111).

Einschneiden der Zapfenlöcher in die Pfosten

Die Zapfen sind auf beiden Enden der Sitzfläche eingeschnitten. Nehmen Sie die Sitzflächenbohle und halten Sie jeden Zapfen an das ebenfalls bereits eingezeichnete Zapfenloch.

Überprüfen Sie, ob der Zapfen noch mit dem eingezeichneten Zapfenloch übereinstimmt (siehe Abbildung 112). Das ist ein wichtiger Schritt. Denn wenn Sie den Zapfen ein wenig schmaler geschnitten haben, können Sie das jetzt noch ausgleichen, indem Sie das Zapfenloch in der Breite anpassen. Ansonsten laufen Sie Gefahr, dass die Bohle in dem Zapfen schwimmt und Sie diese später noch zusätzlich fixieren müssen.

Nachdem Sie die Breite des Zapfenlochs verifiziert haben, schneiden Sie auch am Pfosten bitte mit dem Messer die Schnittkanten des Zapfenlochs ein, um ein Ausreißen der Kanten beim Sägen zu verhindern (Abbildung 113).

Legen Sie sich den Pfosten anschließend auf die Seite, damit Sie gut von oben das Zapfenloch einschneiden können. Der Pfosten darf sich beim Sägen nicht verdrehen, daher stabilisieren Sie ihn, dass er nicht verdrehen kann (Abbildung 114).

Abb. 113: Zapfenloch einschneiden

Abb. 114: Zapfenloch einschneiden

Halten Sie das Schwert an den Zapfen und nehmen Sie Maß, wie tief Sie das Zapfenloch schneiden müssen (siehe Abbildung 117). Auf der Säge sind hierfür passende Markierungen abgetragen, an denen Sie sich orientieren können. Schneiden Sie lieber etwas zu tief, als dass Sie später zu viel nacharbeiten müssen.

Abbildung 115 zeigt die ersten Schnitte am Zapfenloch. Lassen Sie zunächst mindestens eine Schwertbreite umlaufend zum Riss des Zapfenlochs stehen. Tasten Sie sich an den Riss heran. Wenn Sie hier „überschneiden", das heißt über den Riss schneiden, dann sieht man das später sofort. Nehmen Sie sich die Zeit, die Sie brauchen und hetzen Sie sich nicht. Schneiden Sie lieber einmal mehr, als dass Ihnen die Säge über den Riss schneidet.

Abb. 117: Maßnehmen mit der Sägenspitze

Anfangs schneide ich auch nicht in die volle Tiefe. Der Fokus liegt in diesem Arbeitsschritt darauf,

1. Die Kanten des Zapfenlochs mit Sicherheitsabstand zum Riss sauber einzuschneiden und dabei die Kanten nicht zu überschneiden.

2. Anschließend schneiden wir in die benötigte Tiefe.

3. Und zum Schluss erst schneiden wir an den Riss heran.

Dieses Schritt-für-Schritt-Vorgehen hat nach meiner Erfahrung die größten Erfolgsaussichten. Wenn Sie zu Beginn zu viel auf einmal wegschneiden möchten, müssen Sie mit der Säge gegen einen größeren Widerstand ansägen. Dadurch üben Sie mehr Druck auf die Säge aus. Dieser Druck wiederum verhindert ein „feines Sägen". Fein und genau sägen können Sie nur, wenn Sie gegen wenig Wiederstand ansägen müssen.

Ich platziere mehrere Schnitte nebeneinander und lasse immer nur eine dünne Wand (< Kettenbreite) stehen. Diese dünne Wand kann ich dann entweder direkt mit einem Schnitt wegschneiden oder ich fräse sie bei laufender Kette mit der Schwertspitze weg.

In Abbildung 118 sehen Sie gut, dass ich bis zur Stirnseite (schmale Seite) des Zapfenlochs genug Sicherheitsabstand eingehalten habe.

Die Herausforderung bei diesem Arbeitsschritt ist, dass Sie die Schwertspitze beim Schneiden prinzipiell von drei Seiten gleichzeitig im Blick haben müssen (siehe Abbildung 118).

1. Beim Eintauchen müssen Sie schauen, dass Sie nicht mit der Oberseite des Schwerts über den Riss schneiden.

2. Gleichzeitig müssen Sie seitlich genug Abstand zum Riss halten.

3. Und schließlich müssen Sie auch aufpassen, dass sie mit der Unterseite des Schwerts genug Abstand zum gegenüberliegenden Riss halten.

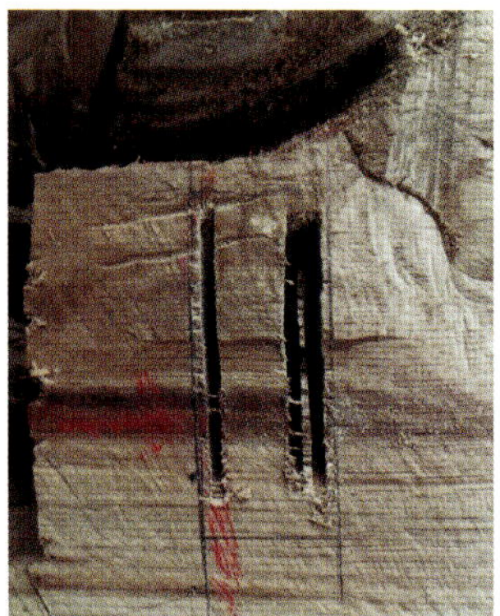
Abb. 115: erste Schnitte am Zapfenloch mit Platz zum Riss

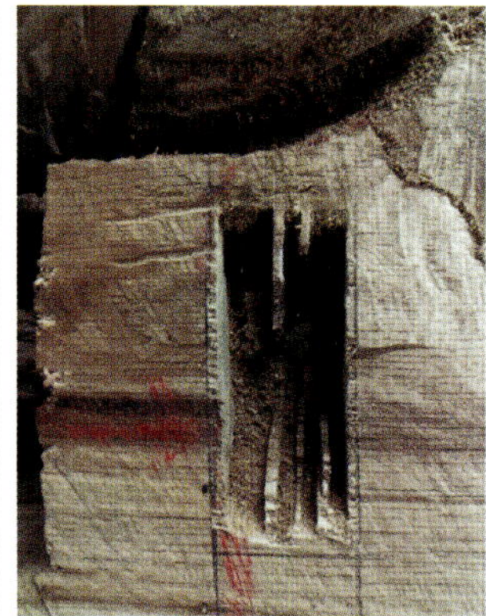
Abb. 116: Sicherheitsabstand zu allen Seiten

Abb. 118: Stirnseite einschneiden, Sicherheitsabstand zum Riss

Das Zapfenloch ist jetzt innerhalb des Risses rundherum eingeschnitten (Abbildung 119). Jetzt können Sie damit anfangen, das Zapfenloch sauber zu machen und überall auf die gewünschte Tiefe einzuschneiden.

Säubern Sie mit der Spitze die inneren Kanten des Zapfenlochs. Achten Sie aber bitte besonders darauf, dass die Unterseite des Schwerts nicht in den Pfosten schneidet und das Zapfenloch damit überschneidet. Das passiert bei dem Vorgang sehr schnell. Man ist so konzentriert darauf, mit der Schwertspitze zu arbeiten, dass man leicht die Unterseite des Schwerts vergisst. Ich weiß, wovon ich spreche.

Abb. 119: Zapfenloch einschneiden

Abb. 120: Ausklinkung an der Schwanzfeder

Wenn Sie die Stirnseiten überschneiden, wäre das nicht ganz so schlimm, denn die Brüstung des Zapfens verdeckt später diesen Fehler. Aber wenn Ihnen das an der Oberseite des Zapfenlochs passiert, ist das halt im Sichtbaren Bereich. Hier kann man bei leichtem Überschneiden die obere Kante des Zapfenlochs generell abrunden/rundschleifen, um den Fehler zu kaschieren. Bei stärkerem Überschneiden müssen Sie schon kreativer werden, in dem Sie z. B. das überschnittene Stück ausstemmen und neues Holz einsetzen. Oder Sie verzieren die Innenseite des Pfostens so, dass man den Fehler nicht mehr sieht. Wie auch immer, machen Sie aus der Not eine Tugend und lassen Sie Ihrer Kreativität auch beim Umgang mit Fehlern freien Lauf.

Sobald Sie das Zapfenloch rundherum auf die gewünschte Tiefe geschnitten haben, können Sie im letzen Schritt den Sicherheitabstand zum Riss wegschneiden. Wir haben ja nur ca. eine Schwertbreite stehen gelassen, das lässt sich jetzt sehr gut mit der Säge wegschneiden.

Sobald das Zapfenloch ausgeschnitten ist, können wir die Sitzfläche einstecken und schauen, ob alles passt. Sollte die Sitzfläche nicht gleich beim ersten Versuch passen, müssen Sie das Zapfenloch entsprechend nachschneiden. Aber hetzen Sie

Abb. 121: Ausklinkung mit dem Winkelschleifer

dabei nicht! Ich kann es nicht oft genug sagen. Natürlich will man das Ergebnis sehen und auch endlich Probesitzen. Ich kenne das Gefühl durchaus: man hat alle Einzelteile zusammen, alle Teile sind passgenau geschnitten und man kann das Werk zusammenbauen und das gesamte Bild genießen. Das kann leicht dazu führen, dass man bei der Nacharbeit aus der Ungeduld heraus Fehler macht. Daher: nehmen Sie sich auch für die Nacharbeit die Zeit, die Sie brauchen, um ein sauberes Ergebnis zu erzielen.

In meinem Fall muss ich zunächst noch den Überstand der Schwanzfeder aus der Sitzfläche ausklinken, bevor die Sitzfläche komplett im Pfosten sitzen kann (siehe Abbildungen 120 und 121).

Auch in diesem Arbeitsschritt gehe ich vorsichtig vor und halte die Bohle lieber einmal zu oft an, um Maß zu nehmen, bevor die Ausklinkung zu groß wird. Da die Schwanzfeder schräg nach unten in die Sitzfläche ragt, muss ich auch die Ausklinkung an diesen Winkel anpassen.

Ich mache die Ausklinkung mit dem Winkelschleifer und einer Frässcheibe. Mit der Frässcheibe splittert das trockene Holz im Gegensatz zur Säge nicht so stark bzw. kaum.

Dann endlich kann ich die Sitzfläche komplett in den rechten Pfosten einstecken und das Ergebnis überprüfen (siehe Abbildung 122).

Das wäre dann der rechte Pfosten. Für den linken Pfosten gehen wir identisch vor. Zunächst schneiden Sie den Riss mit dem Messer vor, dann legen Sie den Pfosten in die stabile Seitenlage und schneiden das Zapfenloch aus.

Dann ist es endlich soweit: die Sitzfläche kann in beide Pfosten eingesteckt werden und Sie können das erste Mal auf Ihrer Bank probesitzen (siehe Abbildung 124).

Abb. 122: rechter Pfosten mit eingesteckter Sitzfläche

Abb. 123: Einschneiden linker Pfosten

Abb. 124: eingeschnittene Sitzfläche

Abb. 125: Sitzfläche im linken Pfosten

Abbildung 125 zeigt den linken Pfosten. Die Seite ist ohne Fehler. Man sieht auch sehr schön, wie die Brüstung der Zapfen an der Innenseite des Pfostens anliegt. Es ist kein Spalt mehr zu sehen. Wir haben sauber gearbeitet!

Abbildung 126 zeigt den rechten Pfosten. Auch hier liegt die Brüstung sauber an und auch die Schwanzfeder ist mit einem passenden Abstand ausgeklinkt. Man sieht aber gut, dass mir die Säge beim Zapfenloch ein wenig ausgebrochen ist und ich über den Riss geschnitten habe. Das ist hier noch relativ harmlos und wird später durch die Struktur des Pfostens (Bruchstein/Schiefer) nicht mehr auffallen.

Abb. 126: Sitzfläche im rechten Pfosten

Abb. 127: Maßnehmen für die Lehne

Einschneiden der Lehne

Die Sitzfläche ist nun in die Pfosten eingezapft, jetzt können wir darangehen, die Lehne einzuschneiden. Dafür muss ich erstmal die Länge der Lehne ermitteln. Die Lehne möchte ich jeweils bis zur Mitte jedes Pfostens laufen lassen.

Abbildung 127 zeigt das Maßnehmen. Sie sehen, dass dieser Vorgang keine exakte Wissenschaft ist und ich nicht auf Millimeter genau das Maß abnehmen muss. Sobald dieses ermittelt ist, schneide ich die Lehne auf Länge.

Jetzt kann die Lehne eingeschnitten werden. Halten Sie die Lehne an die Pfosten an und überprüfen Sie, ob die Risse für die Lehne auf beiden Seiten noch passen (Abbildung 128). Jetzt hätten wir noch die Möglichkeit zu korrigieren. Übertragen Sie nun die Länge der Lehne direkt von den Enden der Lehne auf die Pfosten.

Anschließend markieren Sie deutlich mit Bleistift das Ende der Lehne auf dem Pfosten (siehe Abbildung 129). Diese Markierung kennzeichnet, wie weit Sie im nächsten Schritt in den Pfosten einschneiden dürfen. Soweit dringt dann die Lehne in den Pfosten ein.

Jetzt können wir wieder die Säge anschmeißen. Sorgen Sie dafür, dass Sie bei diesem Sägevorgang bequem stehen und einen ungehinderten Blick gerade und von oben auf den Schnitt haben. Denn Sie werden gleich drei Winkel auf einmal im Blick behalten müssen. Dieser Schritt ist wieder **erfolgskritisch!**

Ich lasse die Sitzfläche im Pfosten stecken, während ich die Lehne einschneide. Mich stört die Sitzefläche beim Sägen nicht. Wenn Sie die Sitzfläche stört, nehmen Sie sie raus und drehen sich den Pfosten so, dass Sie ungehindert schneiden können.

Peilen Sie über die Säge und bringen die Säge so in den richtigen Winkel. Achten Sie darauf, dass Sie parallel zur Sitzfläche

Abb. 128: Lehne auf Länge geschnitten, Anhalten an den Pfosten

schneiden. Dieser Schnitt erfordert ein wenig Übung, da Sie hier drei Winkel auf einmal im Blick behalten müssen. Also nehmen Sie sich die Zeit, bis Sie sicher sind, alles im Blick zu haben.

Die drei Winkel sind:

1. Winkel 1: Säge parallel zur Sitzfläche (oder im rechten Winkel zur Innenseite des Pfostens, wo die Sitzfläche eingezapft ist). Dieser Winkel beeinflusst, ob die Pfosten später beim Anschrauben wegdrehen oder stehen bleiben.

2. Winkel 2: Säge schräg halten, um den nach hinten geneigten Winkel der Lehne korrekt zu sägen. Dieser Winkel beeinflusst, ob die Lehne die richtige Neigung hat, also nach Ihrem „gemütlichen" Stuhl kommt. (vgl. Abbildung 130)

3. Winkel 3: Säge im Wasser (waagerecht) halten, damit die untere Auflage der Lehne sauber ist und nicht in einer Ecke wegkippt. Dieser Winkel hat eher kosmetische Gründe. Wenn man um die Bank herumläuft, sieht man, ob Sie die Auflage sauber geschnitten haben.

Abb. 129: Sitzfläche im rechten Pfosten

Achten Sie darauf, dass Sie den Riss nach vorne zur Sitzfläche hin nicht überschneiden. Der Riss ist ihre Orientierung nach vorne. Im hinteren Teil können Sie immer noch nachschneiden. Es ist daher auch ratsam, dass Sie die Säge beim ersten Schnitt zunächst mehr nach innen zur Sitzfläche hin aus dem Wasser kippen. Damit lassen Sie im hinteren Teil des Schnitts mehr stehen und können das später in Ruhe nachschneiden. Sie müssen sich dann zunächst nur auf Winkel 1 & 2 und Ihren Riss konzentrieren.

Wenn Sie beide Seiten geschnitten haben, halten Sie die Lehne an und überprüfen Sie, ob nachgearbeitet werden muss. Bei mir sehen Sie, dass ich auf beiden Seiten noch ein gutes Stück nachschneiden muss. Ich bin lieber etwas zu vorsichtig beim ersten Schnitt (Abbildung 131).

Abb. 130: Lehne einschneiden, drei Winkel gleichzeitig im Blick

Abb. 131: erster Schnitt für die Lehne gesetzt

Abb. 132: fertig eingeschnittene Lehne in beiden Pfosten

Wenn der Winkel 1 wie oben beschrieben zu weit von der Ideallinie abweicht, dann laufen Sie Gefahr, dass sich der Pfosten „wegdreht", wenn Sie die Lehne anschrauben. Wenn das passiert, dann passt die Sitzfläche nicht mehr richtig und Sie müssen die Lehne nacharbeiten so gut es geht. Haben Sie allerdings nicht mehr genug Platz im Pfosten, um die Lehne weiter einzuschneiden, weil die Aufnahme der Lehne sonst zu dünn wird, müssen Sie das, was Sie an der Lehne zu viel weggeschnitten haben, unterfüttern. Man wird den Schnitt aber immer sehen.

Wenn Sie die Lehne unterschiedlich tief in die Pfosten einschneiden – also immer weiter in den Pfosten reinschneiden, dass sie immer weiter nach vorne kommt – dann laufen Sie Gefahr, dass die Lehne nicht parallel zur Sitzfläche verläuft.

TiPP Winkel 1 & 2 sind erfolgskritisch. Diese müssen passen. Daher schneiden Sie lieber mehrmals und vorsichtig.

Sie können die Innenkanten der Auflage auch ein wenig überschneiden, damit die Lehne sauber aufliegt. Das ist später ja durch die Lehne selber verdeckt und an Stellen, die man später nicht sieht, braucht man auch nicht päpstlicher zu sein als der Papst.

Dann halten Sie die Lehne an, legen sie in die Aufnahmen und überprüfen das Ergebnis. Wenn alles passt, sollte es wie in Abbildung 132 aussehen.

Überprüfen Sie auch, ob die Lehne parallel zur Sitzfläche verläuft. Wenn nicht, dann sitzt die Lehne auf einer Seite tiefer im Pfosten drin als auf der anderen Seite. In diesem Fall sollten Sie die Aufnahme der Lehne entsprechenden Seite anpassen. Entweder die Seite unterfüttern, die zu tief drin ist, oder auf der Seite, auf der die Lehne nicht so tief sitzt, nachschneiden. Abbildung 133 zeigt den Blick von oben auf die Lehne. Hier peile ich, ob die Lehne parallel zur Sitzfläche verläuft. Sieht gut aus!

Dann kann die Lehne jetzt angeschraubt werden. Hierzu brauchen wir passende Schrauben. Abbildung 134 zeigt 8 x 140er-Schrauben mit Tellerkopf.

Abb. 133: Kontrolle der Lehne, sie läuft parallel zur Sitzfläche

Abb. 134

TiPP Sparen Sie nicht an der Schraube. Diese muss das Trocknen des Holzes mitmachen und darf nicht abreißen, wenn Sie die Lehne in ein paar Jahren abschrauben wollen, weil Sie die Bank z. B. versetzen möchten. Daher ist hier Klotzen anstatt Kleckern angesagt.

Abb. 136: Vorbohren der Schraubenlöcher in der Lehne

Zunächst müssen die Löcher auf der Lehne angerissen werden. Legen Sie dazu die Lehne in die Aufnahmen in den Pfosten und markieren je Seite zwei Stellen. Ich habe die Löcher versetzt markiert, damit ich ein Loch weiter in der Fläche habe und die Schraube satt die Lehne anziehen kann (siehe Abbildung 135). Dann bohren Sie alle vier Löcher in der Lehne mit mindestens einem 8 mm Bohrer, gerne auch eine Nummer größer, damit die Schraube leicht durch das Loch geht. Aber auch nicht zu groß, damit die Schraube nicht wackelt. Die gesamte Schraube inklusive Gewinde soll leicht durch das Loch hindurch gehen, das erleichtert Ihnen das Anschrauben.

Dann müssen Sie im Pfosten vorbohren, damit die Schrauben nicht abreißen. Sie werden die Lehne mit Sicherheit mehrmals ab- und wieder anschrauben. Eiche ist sehr hart und wenn Sie zu klein vorbohren oder gar nicht vorbohren, laufen Sie Gefahr, dass die Schraube abreißt.

Nutzen Sie zum Vorbohren einen Bohrer, der um den Faktor 0,7 kleiner ist als der Durchmesser der Schraube. Das passt dann sehr gut (Abbildung 136).

TiPP Zum Vorbohren Bohrer nehmen mit „Durchmesser Schraube x 0,7 = Bohrer Größe"

Bevor die Lehne aber angeschraubt werden kann, muss noch die Schwanzfeder von der linken Eule aus der Lehne ausgeklinkt werden. Die habe ich auch erst gesehen, als ich die Lehne anschrauben wollte bzw. Maß für die Löcher genommen habe (Abbildung 137).

Danach kann die Lehne angeschraubt werden und Sie sehen die Bank das erste Mal komplett zusammengebaut. Alle konstruktiven Arbeiten sind nun abgeschlossen (siehe Abbildung 140).

Abb. 135: Löcher auf der Lehne versetzt angerissen

Abb. 137: ausgeklinkte Lehne

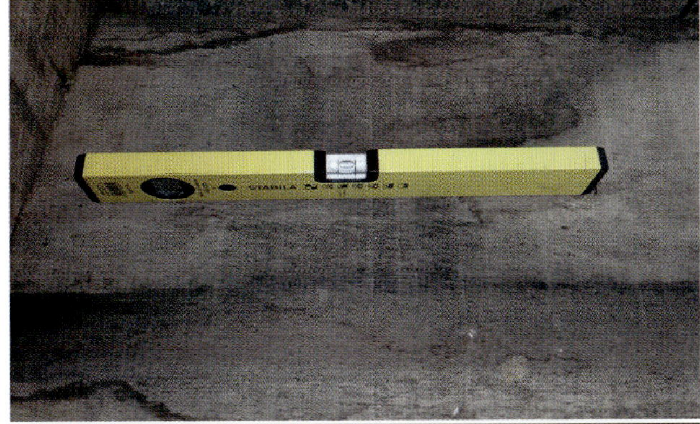

Abb. 138: Sitzfläche und Lehne im Wasser

Abb. 139: geschliffene Sitzfläche, Zapfen ausgespart

Jetzt bleibt nur nochmal zu prüfen, ob wir sauber gearbeitet haben. Mit der Wasserwaage prüfe ich, ob die Sitzfläche und die Lehne im Wasser sind. Dies ist der Fall. Soweit alles super (Abbildung 138)!

Es fehlen noch optische Arbeiten wie die Stein-Struktur an den Innenseiten der Pfosten, Brennen, Schleifen der gesamten Skulptur mit Winkelschleifer und Schleifstern und die abschließende Oberflächenbehandlung.

Abb. 140: fertig zusammengebaute Bank, konstruktive Arbeiten abgeschlossen

Nächste Schritte: Strukturieren und schleifen

Sowohl die Sitzfläche als auch die Lehne schleife ich mit dem Winkelschleifer und einer 36er Scheibe ab. Alle Kanten der Sitzfläche und Lehne inklusive Unterseite/Rückseite werden dabei sauber geschliffen.

Abb. 141: geschliffener Pfosten

Abb. 142

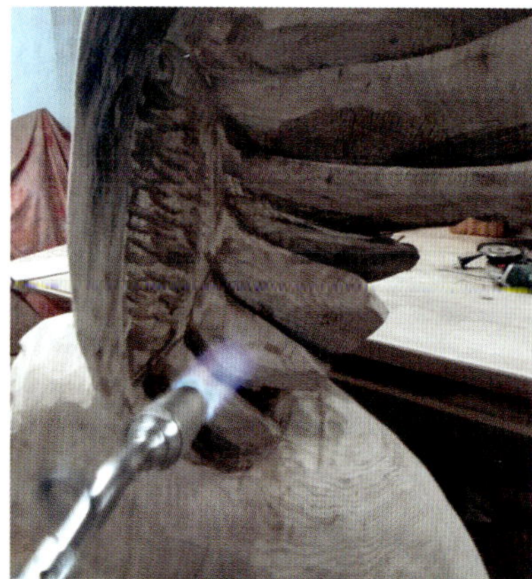
Abb. 143: Brennen der Skulptur

Abb. 144: Brennen der Skulptur

Abb. 144: Brennen der Skulptur

Vorsicht an den Zapfen: ich habe diese nicht geschliffen (siehe Abbildung 139), weil sie durch das Schleifen mit der 36er-Scheibe an Dicke verlieren und später dann nicht mehr so gut in die bereits geschnittenen Löcher passen.

Auch die Pfosten schleife ich mit dem Winkelschleifer und der 36er-Scheibe (Abbildungen 141 und 142). Das ist aber kein Muss. Viele Kollegen lassen die Skulpturen sägerau und gehen nur mit dem Schleifstern drüber. Die Gestaltung der Oberfläche ist reine Geschmackssache, hier sind Sie selber gefragt, je nachdem, was Ihnen gefällt.

Brennen

Nach dem Schleifen mit dem Winkelschleifer brenne ich die Skulptur mit einem handelsüblichen Brenner (Abbildungen 143 und 144). Sowohl den Brenner als auch den Schlauch, Druckregulierer und die Gasflasche bekommen Sie im Baumarkt. Ich selber habe bisher nur mit diesem Brenner gearbeitet, Schnitzer Kollegen haben auch die größere Ausführung (Marke „Straßenbau") im Einsatz. Die größere Variante hat definitiv mehr Dampf, ich bin da eher ein wenig zurückhaltend. Das mag aber auch Geschmackssache sein

Das Brennen hat mehrere Vorteile:

1. Es werden alle „Fussel" abgebrannt. Dies Vereinfacht die spätere Behandlung mit dem Schleifstern

2. Es wird ein Kontrast geschaffen. Besonders zum Hervorheben von Vertiefungen wie an den Federn oder in den Riefen der Steinstruktur ist das Brennen ein beliebtes Verfahren.

3. Die Skulptur bekommt ein altes bzw. verwittertes Aussehen

Abb. 146 zeigt die fertig gebrannte Skulptur aus verschiedenen Winkeln. Man sieht deutlich, dass ich an den Eulen nur Akzente gesetzt habe.

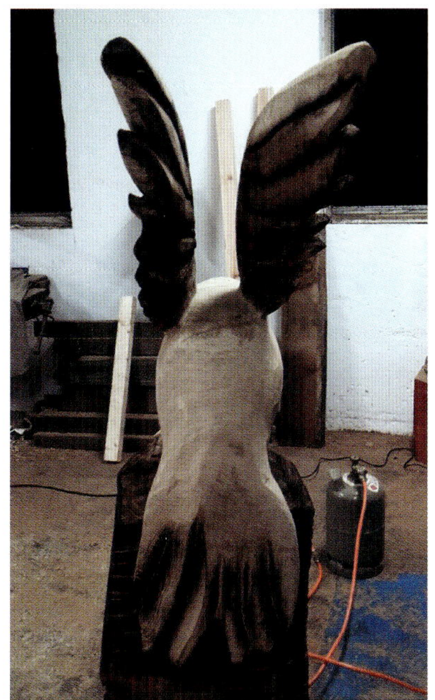

Abb. 147: fertig gebrannte Skulptur

Abb. 148: fertig geschliffener linker Pfosten mit Eule

Der Nachteil am Brennen ist, dass es relativ lange dauert, bis Sie Ihre Skulptur abgebrannt haben. Eine echte Alternative zum Brennen, wenn es nur um die Punkte 2. und 3. geht, ist das Benutzen von schwarzer Farbe in Spraydosen. Mit der Spraydose sind sie um ein Vielfaches schneller!

Als nächstes nehmen Sie sich den Schleifstern, den wir im Kapitel „Anleitung Schleifstern bauen" selber gebaut haben und schleifen die gesamte Skulptur ordentlich ab, bis alle scharfen Kanten abgerundet und alle unebenen Flächen geschliffen sind. Bearbeiten Sie mit dem Schleifstern auch die gebrannten Akzente an den Eulen, bis nur noch die Vertiefungen dunkel erscheinen und die verkohlten Stellen von der Oberfläche verschwunden sind.

Abb. 149: fertige Bank

Abb. 150: fertige Bank

Abb. 151: fertige Bank

Abb. 152: fertige Bank

Abb. 153: fertige Bank

Die fertige Bank

Nachdem Sie alle Schleifarbeiten abgeschlossen haben, ist die Bank fertig und kann zusammengebaut werden.

Jetzt bekommt man das erste Mal ein echtes Gefühl dafür, wie die Skulptur aussehen wird. Das einzige, was jetzt noch fehlt, ist die Oberflächenbehandlung. Diese wird das Holz nochmal ordentlich nachdunkeln lassen, das verändert die Skulptur nochmal ganz ordentlich. Abb. 149 – 153 zeigen die fertig geschliffene Bank aus verschiedenen Perspektiven

Es war ein langer Weg bis hierher, aber die Mühe hat sich ausgezahlt. Das Ergebnis ist sehr gut geworden und ich kann hier schon verraten, dass der Kunde sehr begeistert war.

Und wenn Sie jetzt nochmal zum gezeichneten Entwurf (siehe Abbildung 2) zurückblättern, dann haben wir die Bank ja auch ganz gut hinbekommen.

Als finale Oberflächenbehandlung hat die Bank drei bis vier Anstriche mit Xyladekor Holzschutzlasur 2 in1 bekommen.

Abb. 154

Projekt Löwenbank

Abb. 154: die fertige Löwenbank inkl. aller farblichen Akzente, farbigen Augen und Oberflächenbehandlung

Diese Bank ist aus der puren Freude am Schnitzen entstanden. Ich hatte den Auftrag erhalten, einen Löwenkopf zu schnitzen.

Ja gut, einen Löwen habe ich vorher auch schon mal geschnitzt, das wäre also kein Problem – dachte ich. Also habe ich losgeschnitzt und merkte dann doch schnell, dass ich die Form des Löwen nicht mehr so beherrsche, wie ursprünglich gedacht. Der Löwenkopf wurde auch fertig und dann doch auch ganz ok, aber ich war angefixt und wollte die Form nochmal üben. Und da ich noch einen Abschnitt einer Eichen Bohle hatte, war es schnell klar, dass ich eine Löwenbank mache.

Bei dieser Bank habe ich mich mehr auf die Skulptur konzentriert und bei der Bank auf eine sehr einfache „Basis-Konstruktion" beschränkt. Die Bank wird lediglich durch eine Sitzfläche verbunden, die in die beiden Pfosten eingelassen ist. Damit war meine Vorüberlegung bereits abgeschlossen.

Ich musste mich beim Schnitzen nur noch darauf konzentrieren, dass ich genug „Hals" an den Löwenköpfen lasse, um die Sitzfläche einzusägen.

Einschneiden der Sitzfläche in die Pfosten

Die Sitzfläche habe ich gerade eingesägt auf einer Höhe von erneut 45 cm zur Oberkante der Sitzfläche. Dieses Maß ist für mich mein Standardmaß geworden, so wie es in der Fachliteratur auch angegeben ist.

Abb. 156: seitliche Ansicht der Aufnahme der Sitzfläche

Abb. 157: Aufnahme mit Radius

Abb. 158: auch hier ist innen tiefer ausgeschnitten

Die Aufnahme für die Sitzfläche ist relativ gering dimensioniert, es ist nicht wirklich viel Fläche da, auf der sie aufliegen kann. Daher habe ich tiefer in den Pfosten eingeschnitten und den Grund mit einem Radius „überschnitten“, damit die Sitzfläche auch an den Außenkanten gut anliegt (Abbildungen 157 – 158).

Abb. 159

Abb. 160: seitliche Ansicht rechter Pfosten mit Aufnahme für die Sitzfläche

Die Sitzfläche

Da die Aufnahme für die Sitzfläche im männlichen Löwen schräg nach hinten ausläuft, habe ich die linke Seite der Bohle entsprechend schräg abschneiden müssen. Die vordere Ecke ist dann auch ausgeklinkt (siehe Abbildung 161), damit die Mähne vorne die Bohle und das Loch für die Aufnahme verdeckt (Abbildungen 163 und 164).

Abb. 161: Linke Seite der Sitzfläche schräg angeschnitten und vordere Ecke ausgeklinkt

Abb. 162: rechte Seite der Sitzfläche schräg angeschnitten und vordere Ecke ausgeklinkt

Da ich bei dieser Skulptur die Innenseite nicht wie bei der Eulenbank glatt angeschnitten habe, um die Sitzfläche in die Fläche einlassen zu können, verschwindet die Sitzfläche nicht komplett im Pfosten und ragt vorne und hinten über die Aufnahme hinaus.

Vorne ist die Sitzfläche abgeschrägt, hinten habe ich sie gerade aus dem Pfosten herauslaufen lassen. Wenn Sie wollen, runden Sie die Ecken ab oder schneiden auch eine Schräge an.

Abb. 163: Mähne verdeckt vorne die Sitzfläche und die Aufnahme

Die rechte Seite der Bohle habe ich an beiden Ecken angeschrägt. Hier musste ich nur kleine Ecken abschneiden (Abbildung 165).

Dadurch, dass der Grund der Aufnahme weit ausgeschnitten ist, liegt die Sitzfläche links und rechts gut an und schließt das Loch der Aufnahme ab. Es ist kein Spalt mehr sichtbar.

Befestigt wird die Sitzfläche ganz pragmatisch mit von unten angebrachten Winkeln. Einkleben würde natürlich auch gehen, allerdings bin ich bei solch schweren Skulpturen ein Fan von lösbaren Verbindungen, falls die Bank mal versetzt werden soll.

Abb. 164: Mähne verdeckt vorne die Sitzfläche und die Aufnahme

Abb. 165: Überstand an der Bohle angeschrägt

Abb. 166: die Sitzfläche passt gut, kein Spalt sichtbar

Abb. 167: die Sitzfläche passt gut, kein Spalt sichtbar

Die fertige Bank

Abbildung 168 zeigt die fertige Bank. Wie Sie sehen können, habe ich die Löwen schwarz akzentuiert und mit gelber Akryl Farbe die Augen ausgemalt.

Um die Tiefen zu betonen, habe ich schwarze Sprayfarbe benutzt. Ich muss sagen, dass ich wohl in Zukunft mehr Sprayfarbe einsetzen werde und weniger brenne. Die Zeitersparnis ist doch enorm. Die Farbe lässt sich dann auch sehr gut mit dem Schleifstern von der Fläche schleifen und bleibt gut in den Vertiefungen haften. Das Brennen dauert deshalb so lange, weil Sie in der Regel noch nasses Holz schnitzen. Wenn Sie das Holz ein paar Tage oberflächlich trocknen lassen, dann geht auch das Brennen schneller.

Ich habe schwarze Sprühfarbe an den Falten im Gesicht, an der Nase und an der Mähne eingesetzt. In den Augen habe ich mit schwarzer Acrylfarbe die Ränder und die Pupillen ausgemalt.

Als finale Oberflächenbehandlung hat die Bank drei bis vier Anstriche mit Xyladekor Holzschutzlasur 2in1 bekommen. Diese lässt sich sehr gut mit einem Pinsel auftragen und ist vom Preis-Leistungs-Verhältnis ganz ordentlich. Bei der Acrylfarbe müssen Sie ein wenig aufpassen, diese wird von Xyladecor angelöst. Die Sprayfarbe wurde nicht angelöst.

Abb. 168: die fertige Löwenbank

Projekt Eulen-Bären-Bank

Diese Bank ist auf dem Spänefliegen Schnitzevent Ende April/Anfang Mai 2017 in Sulzbach/Saar entstanden. Schnitzevents gibt es über das Jahr hinweg in ganz Deutschland von Frühjahr bis Herbst und es werden gefühlt jährlich mehr. Das Spänefliegen hat mein Schnitz-Kollege Andreas Müller 2015 ins Leben gerufen. Seit 2015 bin ich mit dabei und das Event hat sich zu einer ernstzunehmenden Instanz in der Szene gemausert, auf dem mittlerweile auch die Qualifikation für die Deutsche Speedcarving WM stattfindet. Ja, auch im Kettensägen-Schnitzen gibt es Weltmeisterschaften!

Bei jedem Schnitzevent gibt es ein Thema, an dem sich die Säger bei der Motivwahl für ihre Skulpturen orientieren können. In diesem Jahr war das Thema „Wald". Und in diesem Jahr sollte auch eine Bank gesägt werden, die noch an Ort und Stelle versteigert werden sollte zugunsten eines guten Zwecks.

Mein Schnitzer-Kollege Bernhard Neises und ich haben uns im Vorfeld darauf verständigt, dass wir zusammen diese Bank sägen. Sein Motiv wurde ein Bär in der Bewegung. Ich wollte wie üblich „irgendetwas mit Flügeln" sägen. Und da ich Eulen liebe und das auch noch zum Thema Wald passte, war auch mein Motiv gefunden. Allerdings sollte es eine dynamische Skulptur sein, also eine sich im Flug befindliche Eule.

Abbildung 169 zeigt die Skizze, die Bernhard nach einem Telefonat für mich erstellt und mir als Fotodatei geschickt hat. Diese Skizze war meine ganze Vorbereitung. Ansonsten geben wir Andreas im Vorfeld noch die ungefähren Maße durch, in denen wir die Eichenstämme brauchen. Aber das war es dann. Der Rest erfolgte vor Ort.

Wie auch schon bei der Löwenbank überspringe ich das Schnitzen der Skulptur und steige dort ein, als wir die Zapfenlöcher fertig gesägt hatten. Denn darauf kommt es ja in diesem Buch an: wie Sie Sitzfläche und Lehne in den Skulpturen befestigen. Und ich kann Ihnen in diesem Buch auch bei Weitem nicht alle Möglichkeiten zeigen, sondern nur ein paar Beispiele geben, wie Sie es machen können.

Abbildung 170 zeigt meine Eule in „Angriffshaltung". Die Beine ragen über den Sockel hinaus, die Innensei-

Abb. 169: Skizze "fliegende Eule kurz vor dem Beutefang" von Bernhard Neises

Abb. 170: der linke Pfosten ist fertig geschnitten

te des Pfostens habe ich der Einfachheit halber wieder glatt geschnitten. Auch die Rückseite ist glatt abgesägt, sodass ich eine Art Block geschaffen habe, auf dem die Eule schwebt.

Abbildung 171 zeigt die eingeschnittene Aufnahme für die Sitzfläche. Da wir es hier mit einer Bank zu tun haben, die sehr wahrscheinlich unter freiem Himmel stehen wird und damit der Witterung voll ausgesetzt sein wird, haben wir die Sitzfläche schräg eingeschnitten. So bleibt kein Wasser auf der Sitzfläche stehen, was die Lebensdauer der Sitzfläche erhöht. Stichwort „konstruktiver Holzschutz".

Ich bin beim Einschneiden der Aufnahme genauso vorgegangen, wie bei der Eulen Bank. Zunächst habe ich die Höhe der Sitzfläche auf dem Pfosten markiert, mit der Schablone („gemütlicher Stuhl") die Unterkante der Sitzfläche eingezeichnet und mit dem Bohlen-Abschnitt die exakte Krümmung und Dicke der Aufnahme übertragen.

Ansonsten habe ich mich aus Zeitgründen dazu entschieden, die Aufnahme nach vorne durchzusägen. Bei einem Sägeevent haben Sie bedingt durch das Event eine vorgegebene Zeit, in der sie die Skulptur fertig stellen müssen. Wir hatten zusätzlich noch eine verkürzte Zeit, da die Bank innerhalb des Events noch versteigert werden sollte.

Die Sitzfläche habe ich hinten ein wenig ausgeklinkt, damit sie die Aufnahme verdeckt und somit mögliche Fehler beim Sägen an dieser kritischen Stelle nicht sichtbar wären (Abbildungen 173 und 174).

Die Sitzfläche passt sehr gut in die Aufnahme, nach oben sind ca. 2 mm Platz. So ist gewährleitet, dass die Sitzfläche leicht in die Aufnahme rein und wieder rausgeht. Die Bank muss ja noch transportiert werden und soll beim Aufbau keine Schwierigkeiten machen (Abbildung 175).

Abb. 171: schräg eingeschnitten Aufnahme: konstruktiver Holzschutz und leichte Krümmung der Bohle übertragen

Abb. 173: Ausgeklinkter Bereich in der Sitzfläche

Abb. 172: Kanten mit Messer vorgeschnitten, um ein Ausreißen beim Sägen zu vermeiden

Abb. 174: Ausklinkung in der Sitzfläche verdeckt die Aufnahme

Bernhard hat sich dazu entschieden, die Sitzfläche teilweise auf dem Sockel der Skulptur aufliegen zu lassen und nur teilweise in den Sockel zu versenken. In Abbildung 177 sehen Sie die vordere Auflage, Abbildung 178 zeigt den hinteren eingelassenen Teil der Sitzfläche.

Zusätzlich hat Bernhard die Pfote des Bären so gesägt, dass sie auf der Höhe der Sitzfläche aufliegt. Als ob der Bär auf die Sitzfläche auftritt!

Wir sind beim Anzeichnen der Sitzfläche und der Lehne vorgegangen wie bei der Eulenbank beschrieben. Zum Anzeichnen von Sitzfläche und Lehne haben wir ebenfalls unsere Schablone benutzt und bei der Lehne die Unterkante der Lehne auf die Pfosten übertragen. Wir haben alle Schritte wie oben beschrieben befolgt und sind zu einem sehr guten Ergebnis gekommen. Die Lehne sitzt auf der richtigen Höhe, sodass man den Arm bequem drauf ablegen kann und sie ist parallel zur Sitzfläche.

Abb. 175: eingesetzte Sitzfläche mit 2 mm Platz

Abb. 176: linker Pfosten mit Lehne und Sitzfläche

Die Lehne haben wir mit den gleichen 8 x 120er-Schrauben angeschraubt, wie oben vorgestellt.

Die Skulpturen, die Lehne und die Sitzfläche wurden mit Schleifstern und Winkelschleifer geschliffen. Eine Oberflächenbehandlung hat die Bank von uns nicht bekommen, auch haben wir auf farbliche Akzente verzichtet. Dies war der zeitlichen Vorgabe geschuldet. Wir wollten sichergehen, dass wir die Bank auf jeden Fall fertigstellen, damit sie auch einen guten Preis erzielt.

Abb. 178: hinterer Teil ist in den Pfosten eingelassen

Abb. 177: Aufnahme rechter Pfosten

Abb. 179: rechter Pfoste mit Sitzfläche und Lehne

Abb. 180: linker Pfosten mit Sitzfläche und Lehne

Abb. 181: schräge Ansicht von hinten auf Lehne

Abb. 182: die fertige Bank mit ihren Erschaffern Bernhard Neises und Balázs Turán (v. r. n. l.)

Inspiration

Wald- und Minenarbeiter-Bank

Am Waldarbeiter hat Stephan Block grüne Sprühfarbe eingesetzt. Schwarze und braune Sprühfarbe wurde zum Akzentuieren und Betonen der Tiefe eingesetzt bzw. um eine verwitterte Optik zu erschaffen.

Die Kollegen haben die Sitzfläche in den äußeren Pfosten eingezapft und in der Mitte aufliegen lassen. Die Lehne ist mit Metall-Winkeln befestigt (Abb. 184). Zwei echte „Deutsche Meister", zum Großteil mit der Kettensäge gesägt, nur Details im Gesicht mit dem Dremel ausgearbeitet – von Team Eifel 1: Stephan Block und Oliver Schulz (v. l. n. r.).

Ähnlich wie Bernhard Neises die Skulptur dazu benutzt hat, mit der Sitzfläche der Bank zu „interagieren", hat auch Olli Schulz den Fuß seines Minenarbeiters als Stilelement benutzt. Die Sitzfläche ist so in den Pfosten eingearbeitet, als ob der Minenarbeiter seinen Fuß auf die Sitzfläche auflegt – er steht auf der Sitzefläche (siehe Abbildung 183 links).

Die vordere Ecke der Sitzfläche ist abgerundet, sodass die Sitzfläche zu ca. 2/3 in den Pfoten eingelassen ist. Die Sitzfläche liegt mehr auf dem Pfosten auf und ist unter den Fuß geschoben, als dass sie eingezapft ist. Ein sehr schönes Beispiel dafür, wie man eine einfache Auflage dafür benutzen kann, um Skulptur und Bank miteinander verschmelzen zu lassen.

Abb. 184: Wald und Minenarbeiterbank, oben mit Stephan Block (l) und Oli Schulz

Abb. 183: der Minenarbeiter steht auf der Sitzfläche

Abb. 185: die Sitzfläche liegt auf und ist angeschraubt

Der mittlere Pfosten trägt die Sitzflächen auf der Auflage. Die Enden der Sitzfläche sind sehr geschickt so angeschnitten, dass keine offene Spalte entsteht (siehe Abbildung 185). Die Kollegen haben die Sitzfläche ganz pragmatisch mit den bereits erwähnten Tellerschrauben festgeschraubt.

Die Sitzfläche ist in den linken Pfosten voll eingezapft und auch an der vorderen Ecke abgerundet. Hinten geht die Sitzfläche gerade in den Pfosten.

Sitzfläche und Lehne wurden mit dem Winkelschleifer sauber geschliffen und die Ecken und Kanten gebrochen.

Die Winkel für die Lehne biegt Stephan immer selber in seiner Werkstatt und bringt diese vorgefertigt zum Schnitz-Event mit. Die Winkel sind nicht im 90 Grad Winkel, sondern ein wenig größer eingestellt, damit sie die Lehne leicht nach hinten gebeugt halten und somit ein gemütliches Sitzen ermöglichen. 100° – 105° sind ideal.

Abb. 186: Ansicht von hinten auf die Befestigung der Lehne

Abb. 187: linker Pfosten mit eingezapfter Sitzfläche

Tiere des Waldes

von Martin und Winni Breunig. Ebenfalls zwei „Meisterhafte Säger", unglaublich talentiert. Achten Sie auf die Details wie Gelenke, Drehung des Körpers, Bewegung und Proportionen. Aber auch die Feinheiten der „Nebendarsteller" – die Bäume neben den Tieren.

Die Rinde blättert teilweise vom Holz ab und das darunter zum Vorschein kommende Holz ist glatt. Die abgebrochenen Äste bilden Vertiefungen im Stamm.

Die Sitzfläche liegt auf den Pfosten auf und ist in die Skulptur eingepasst (siehe Abbildung 191). Sie wird mit jeweils zwei Schrauben von oben in die Pfosten geschraubt. Auch hier sind die Sitzfläche und die Lehne mit dem Winkelschleifer behandelt und alle Kanten und Ecken gebrochen und abgerundet.

Die Lehne wurde auch bei dieser Bank schräg von hinten in die Pfosten eingeschnitten und liegt auf einer ausgesägten Auflage auf. Befestigt wurde die Lehne mit den bekannten Teller-Schrauben (siehe Abbildung 193).

Abb. 188: linker Pfosten: Reh

189: rechter Pfosten: Wildschwein

Abb. 190: die fertige Bank

Abb. 191: Auflage Sitzfläche linker und rechter Pfosten

Abb. 192: Überstände Lehne linker und rechter Pfosten

Abb. 193: Ansicht von hinten der Lehne linker und rechter Pfosten

Abb. 194: die fertige Bank

Oberflächenbehandlung

In diesem Kapitel geht es einerseits um den Schutz der Skulpturen gegen die Witterung – also ganz pragmatisch um Holzschutz. Andererseits gebe ich Ihnen auch einen Überblick darüber, wie ich mit Farben umgehen und wie ich Farben einsetze.

Leinöl

Eines vorweg: ich bin ein großer Fan von Ölen. Dies ist wohl auf meine Tischlerausbildung zurückzuführen. Öle erhalten die natürliche Haptik des Holzes und feuern die ursprüngliche Farbe sehr schön an. In der Tischlerei haben wir sehr viel lackiert und das Holz fühlte sich mit einer Kunststoffschicht überzogen einfach unecht an. So kam es wohl auch, dass ich meine Skulpturen von Beginn an mit Leinöl behandelt habe. Ich besorge mir Leinöl von einer Ölmühle aus dem Nachbarort, also direkt vom Hersteller. Dieses Leinöl ist noch ungefiltert und roh und daher sehr günstig auf den Liter, aber für die Skulpturen trotzdem bestens geeignet.

Leinöl hat die Eigenschaft, dass es von Natur aus durchtrocknet und hart wird. Das kann aber je nach Witterung 1 – 2 Wochen dauern, weshalb ich dem Leinöl ein Sikkativ (Härter, siehe Abbildung 142) zumische. Das Sikkativ beschleunigt die Aushärtung um ein Vielfaches, sodass das Leinöl i. d. R. 1 – 2 Tage nach dem Auftragen durchgetrocknet ist. Leinöl sollten sie mindestens 2-3x auftragen, eher öfter.

Der Vorteil von Leinöl ist, dass es frei von jeglichen Zusatzstoffen und damit natürlich ist. Außerdem riecht es sehr gut. Für Skulpturen, die der Witterung nicht ausgesetzt sind oder sogar in Wohnräumen aufgestellt sind, ist für mich Leinöl die erste Wahl. Sie können dem Leinöl auch etwas Orangenöl beimischen, um den Geruch entsprechend zu modifizieren.

Ein großer Nachteil von Leinöl ist, dass Sie das Leinöl bei Skulpturen, die der Witterung frei ausgesetzt sind, regelmäßig erneuern müssen. Sie müssen die Skulpturen also regelmäßig (jährlich oder nach Bedarf) neu behandeln. Sofern Sie das nicht tun, werden die Skulpturen mit der Zeit an Farbe verlieren. Eiche z. B. vergraut dann ganz normal im Laufe der Jahre, das Leinöl verlangsamt diesen Prozess nur.

Kontraste setzen mit Feuer

Anfangs habe ich komplett auf Farben verzichtet, um das Holz wirken zu lassen. Lediglich Vertiefungen habe ich gebrannt, um einen besseren Kontrast herzustellen (siehe Abbildung 195 und Abbildung 196). Nach dem Brennen müssen Sie die Stellen, die Sie nicht schwarz betonen wollen, wieder sauber schleifen.

Brennen hat allerdings zwei entscheidende Nachteile:

1. Zunächst braucht es relativ lange, um das in der Regel noch feuchte Holz zu brennen, was dann auch entsprechend viel Gas verbraucht.

2. Und dann lösen sich schwarze Kohlepigmente, wenn Sie die Skulptur anschließend mit einem Pinsel einölen oder streichen.

Um das zu vermeiden, müssten Sie aus den gebrannten Stellen die losen Pigmente ausbürsten. Ich war zwischenzeitlich dazu übergegangen, das Leinöl zu verdünnen und mit einer Druckluftflasche aufzusprühen. Das Aufsprühen geht deutlich schneller, benötigt aber Verdünner und verbraucht auch mehr Öl. Aber auch dann verteilen sich lose Pigmente und werden von dem herabfließenden Öl ausgewaschen.

Ein definitiver Vorteil von gebrannten Skulpturen ist, dass die schwarzen verkohlten Stellen schwarz bleiben. Die Kohle bleicht nicht aus.

Abb. 195: Drache, gebrannt, Douglasie

Abb. 196: Blume, gebrannt, Douglasie

Kontraste setzen mit der Farbspraydose

Später bin ich auch dazu übergegangen, schwarze Spraydosen-Farbe zu benutzen, um Kontraste zu schaffen. Farbe aus der Spraydose hat den entscheidenden Vorteil, dass sie schnell aufgetragen ist. Die Mähne des Löwen aus der Löwenbank (siehe Kapitel Projekt Löwenbank) ist mit schwarzer Sprayfarbe besprüht. Ebenso habe ich die Vertiefungen der Falten in den Gesichtern der Löwen gesprüht und anschließend mit dem Schleifstern die Erhebungen wieder sauber geschliffen. Übrig bleiben dunkle Stellen in den Vertiefungen. Damit haben Sie Tiefe geschaffen und auch eine „Verwitterte Optik" geschaffen. „Shabby Chic" eben.

Abb. 197: Pigmente für Ölfarben

Abb. 198: Leinölfarben Gesichter, Kiefer

Einsatz von Farben

Irgendwann habe ich angefangen, mir Pigmente für Leinöl (siehe Abbildung 197) zu kaufen und Leinölfarbe selber anzumischen. Mit Leinölfarben können Sie malen wie mit Tusche und haben keine „Kunststoff Oberfläche" wie z. B. bei Acrylfarben. Unten sehen Sie ein paar Beispiele, wie Leinölfarben auf Skulpturen wirken. Die beiden Gesichter sind aus Kiefer. Die Biene und die Hocker um die Feuerstelle sind aus Eiche.

Abb. 199: Leinölfarben Hocker, Eiche

Abb. 200: Leinölfarben Biene, Eiche

Skulpturenwachs

Skulpturenwachs ist eine Wachsemulsion und verhindert ein zu schnelles Austrocknen der Skulpturen und minimiert damit die Rissbildung deutlich. Andererseits gehört Rissbildung aber zum Stammholz dazu und ist kein Holzfehler, das werden Sie auch mit Skulpturenwachs nicht verhindern können.

Skulpturenwachs können Sie dazu benutzen,

1. um die Stammenden/das Hirnholz Ihres Schnitzholzes zu behandeln und so eine Austrocknung und Rissbildung zu verhindern, bevor Sie anfangen zu schnitzen

2. Ihre noch unfertigen Skulpturen oder Rohlinge zu behandeln

3. oder auch einfach als abschließende Oberflächenbehandlung der Skulptur.

Ich benutze Skulpturenwachs hauptsächlich für 1. und 3.

Der Nachteil von Skulpturenwachs ist, dass bei einigen Holzarten dadurch Schimmelbildung hervorgerufen werden kann. Durch die Eigenschaft von Skulpturenwachs, die Oberfläche und Poren des Holzes abzusperren*, wird die Trocknung drastisch verlangsamt und es kommt keine Luft mehr an das Holz. Unedle Holzarten wie zum Beispiel Kiefer Splintholz, Douglasie Splintholz oder Pappel neigen im feuchten Zustand zu Schimmelbildung. Seien Sie also bitte vorsichtig, wenn Sie das Splintholz bei Nadelhölzern oder unedlen Laubbäumen mit Skulpturenwachs behandeln.

Bei Kiefer- und Douglasie-Kernholz habe ich keine Probleme mit Schimmel gehabt. Auch gerbsäurehaltige Holzarten wie Eiche und Mammutbaum (Kernholz) können problemlos behandelt werden.

Abb. 201: Skulpturenwachs

Eisen-Lösung

Die Gerbsäure der Eiche reagiert auf den Kontakt mit Eisen mit schwarzer Verfärbung. In Abbildung 202 sehen Sie eine Wolfsbüste, die ich geschnitzt habe. Gut zu sehen ist der schwarze Einläufer. Das ist das Ergebnis, wenn Eiche mit Eisen in Berührung kommt. Der Baum wurde zu seinen Lebzeiten durch einen Nagel oder – bei uns in der Gegend direkt an der französischen Grenze nicht unüblich – einen Bombensplitter aus dem zweiten Weltkrieg verletzt. Die Verfärbung ist dann durch den ganzen Baum gezogen.

Abb. 202: dunkler Einläufer in Eiche

Abb. 203: selbstgemachte Eisen-Lösung

* Als Absperren wird die Versiegelung der Oberfläche bezeichnet

Abb. 204: mit Eisen-Lösung besprühter Bär aus Eiche

Diese Eigenschaft der Eiche mache ich mir zunutze, um Skulpturen schwarz einzufärben. Das spart eine Menge an Farbe. Alles was Sie dazu brauchen, ist Essigessenz und Eisenwolle.

Die Eisenwolle lege ich ein paar Tage in der Essigessenz ein (siehe Abbildung 203). Der Essig löst Eisenbestandteile aus der Wolle heraus, greift gleichzeitig das Holz aber nicht an. Die Eisenwolle hat sich bei meinen Versuchen nicht komplett aufgelöst, die Wirkung war aber trotzdem sehr gut. Ich habe die Eisenlösung mit Wasser verdünnt, damit ich genug Lösung habe, um eine komplette Skulptur einzusprühen. Zum Einsprühen habe ich einen Drucksprüher mit einem Volumen von ca. 2l genommen. Drucksprüher gibt es für ein paar Euro günstig im Baumarkt zu kaufen.

Abbildung 204 zeigt einen Bären von ca. 1 m Höhe, den ich mit der Lösung eingesprüht habe. Der Effekt ist beim Einsprühen auch sehr beeindruckend, weil die Skulptur schlagartig schwarz wird. Die Schnauze des Bären habe ich anschließend noch geschliffen, damit sie wieder hell wird. Die Lösung dringt nicht so tief ein, es verfärbt sich nur die obere Holzschicht.

Nach dem Austrocknen können Sie die Skulptur dann ganz normal die Oberflächen behandeln. Auf dem Bild hatte ich den Bären gerade frisch eingeölt.

Holzschutzlasuren

Wenn Sie Skulpturen der Witterung voll aussetzen wollen und dabei die natürliche Farbe des Holzes erhalten möchten, werden Sie das Holz mit einer entsprechenden Holzschutzlasur behandeln müssen. Ich selber habe bisher gute Erfahrungen mit Xyladecor gemacht. Auch das ist nicht für die Ewigkeit gemacht und Sie werden früher oder später die Schutzschicht erneuern müssen, indem Sie die Skulptur bei Bedarf wieder streichen. Bedenken Sie das bitte.

Kollegen von mir nutzen auch ***Remmers 3in1*** oder ***Sikkens*** mit entsprechend guten bis sehr guten Ergebnissen.

Ressourcen

Kettensägen-Schnitzer & Kursangebote

Die Website des Autors: https://www.holz-kreationen.de/
Und die der im Buch erwähnten oder abgebildeten Schnitzer-Kollegen, die alle auch Kurse anbieten:

Andreas Müller: http://www.der-kettensaegeschnitzer.de (Saarland)
Oliver Schultz: http://www.creative-holzarbeiten.de (Rheinland-Pfalz)
Winni & Martin Breunig: http://www.chainsaw-art-wmb.de/ (Bayern)
Bernhard Neises: http://www.saegekunst-neises.de/ (Saarland)

Weitere **Kursangebote** in Auswahl. Suchen Sie ggf. nach Angeboten in Ihrer Region.

Michael Knüdel: www.knüdel.de (Niedersachsen)
Schnitzschule Geisler-Moroder: www.schnitzschule.com/kettensaegen-schnitzen-uebersicht.html (Österreich)
Der Hexenmacher (Dieter Krüger): www.hexenmacher.de/ (Thüringen)
Georg Stark: www.kunstausdemwald.de/index.php/kurstermine (Hessen)
Der Sauensäger (Andreas Martin): www.blockhausen.de/angebote/kurse-kettensaegenschnitzen/ (Sachsen)

Internet

Auf den Webseiten einzelner Schnitzer (siehe oben) finden sich häufig viele Informationen zum Thema. Auch in den Sozialen Netzwerken gibt es jede Menge zum Thema: suchen Sie z. B. bei Facebook oder für Videos bei Youtube nach ‚Kettensäge' schnitzen oder, wenn sie auch englischsprachige Inhalte finden möchten, nach ‚Chainsaw carving'. Die wohl größte Facebook-Gruppe sind die Chaninsaw Carvers:
https://www.facebook.com/groups/ChainsawCarvers/
(überwiegend in englischer Sprache).

Bezugsquellen

Wenn Sie keine regionalen Händler finden können, bieten sich eine Reihe von Onlineshops an.

https://www.grube.de/
https://www.kox-direct.de/
http://www.saegeblatt-shop.de/
https://drechslershop.de/
https://www.dictum.com/de/
https://www.hobbyschnitzen.de/
http://www.woodpeckershop.de

Bücher

Im gleichen Verlag erscheinen zwei Titel, die stärker als der vorliegende das Schnitzen der Feinheiten an den Figuren behandeln:

Jamie Doeren und Dennis Roghair; **Schnitzen mit der Kettensäge: Adler**
Jamie Doeren; **Schnitzen mit der Kettensäge: Bären**

Schon fertig?

Hier finden Sie noch mehr Ideen für Ihre Leidenschaft!

Peter Långberg

Klassische Gartenmöbel selbst bauen

Vorlagen und Anleitungen aus Schweden

„Klassische Gartenmöbel selbst bauen" bietet Vorlagen und Bauanleitungen für rund 20 ästhetisch ansprechende Stühle, Bänke und Tische. Die vorgestellten Formen haben sich über Jahrzehnte in Skandinavien und andernorts bewährt. Schritt für Schritt, mit Hilfe präziser Bauanleitungen und maßstabgetreuer Risszeichnungen gelingt der Bau, und der Garten wird durch die selbstgemachten Möbel noch schöner.

88 Seiten, 19 x 26 cm, gebunden
Best.-Nr. 9140
ISBN 978-3-87870-998-5

HolzWerken – Projekte für draußen

13 Vorschläge von Gartenliege bis Spielhaus

Projekte „für draußen" gehören zu den beliebtesten bei den Lesern der Zeitschrift *HolzWerken*. Verständlich – auf einer selbst gebauten Gartenliege ist die Entspannung gleich doppelt so groß.

Dieses Buch enthält:
- Ideen, die den Garten aufwerten
- Projekte, die Kindern Freude bereiten
- Anregungen für Projekte im Freien
- Detaillierte Baupläne mit Maßangaben
- Ideen für Holzarbeiten mit Kindern
- Artikel aus der Zeitschrift *HolzWerken*

98 Seiten, 21 x 29,7 cm, kartoniert
Best.-Nr. 20753
ISBN 978-3-86630-746-9
E-Book ✔

Sven-Gunnar Håkansson

Blockhäuser & Hütten

selbst gebaut

Sie möchten ein Blockhaus bauen? Dieses Buch bietet die Grundlagen dafür: Auswahl der Hölzer, Aufbau einer Blockwand und Eckverbindungen. Vom kleinen Freisitz bis zum mehrgeschossigen Wohnhaus sind unterschiedlichste Konstruktionen vertreten.
Weitere Themen sind die Ständerbauweise, Holzschutz, Dachaufbau u.v.m. Ein rundum gelungenes Buch!

392 Seiten, 19,5 x 26,5 cm, gebunden
Best.-Nr. 9115
ISBN 978-3-86630-966-1
E-Book ✔

Vincentz Network GmbH & Co. KG
HolzWerken
Plathnerstr. 4c
30175 Hannover

T +49 (0)511 9910-033
F +49 (0)511 9910-029
buecher@vincentz.net
www.holzwerken.net

Weitere Titel und E-Books finden Sie im Online-Shop:
www.holzwerken.net/shop

Jamie entwarf diese Figur, weil er schon längere Zeit ein keilförmiges Stück Restholz im Holzlager liegen hatte. Es war zu groß und zu schön, um es einfach fortzuwerfen, also mußte er sich etwas einfallen lassen, was er daraus schnitzen konnte. Der einfache Entwurf läßt sich in recht kurzer Zeit verwirklichen. Wenn Ihnen die Details am Kopf richtig gelingen, fällt der Rest dann nicht mehr sehr schwer. Jamie schnitzte die Figur mit einer Husqvarna 336, die mit einer Schnitzschiene (*Dime-Tip*) und einer ¼-Zoll-Kette versehen war. Bemalt wurde der Adlerkopf mit weißem, braunem und gelbem Sprühlack.

Werkzeug und Material

- Keilörmiges Stück Weymouthskiefer (ersatzweise ein anderes Kiefern- oder Nadelholz)
- Kettensäge für Detailarbeiten (Husqvarna 336) mit *Dime-tip*-Schiene und ¼-Zoll-Kette
- Holzschutzmittel (zedernfarbig getönt)

82

Runden Sie das Bein ab . . .

83

. . . und strukturieren Sie das Bein. Die Federstrukturen werden hier mit sehr flachen Schnitten geschnitzt.

84

Glätten Sie die Oberseite der Schwingen, bevor Sie die Federstrukturen anbringen. Dazu legen Sie die Seite der Schiene auf das Holz und heben eine Kante der Schiene etwas an, so daß sie gerade eben über dem Holz liegt, während die andere Kante noch auf dem Holz ruht. Ziehen Sie die Kante über die Holzoberfläche. Wiederholen Sie den Vorgang falls nötig.

85

Bringen Sie eine leichte Vertiefung hinter der Schulter an. Der Körperteil, der aussieht wie eine Schulter, ist anatomisch gesehen das Handgelenk. Die Vertiefung an dieser Stelle formt den Bereich zwischen dem Handgelenk und der wirklichen Schulter. Sie führt hinab bis zum Ellbogen.

90

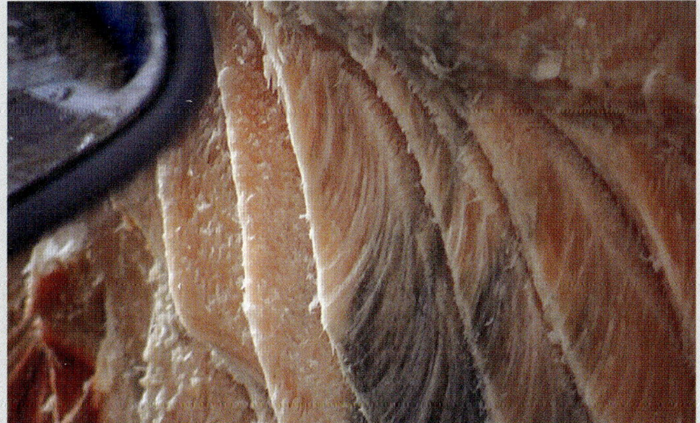

In der Nahaufnahme der Federn am rechten Flügel kann man die Strukturierung erkennen. Die Linien auf den einzelnen Federn müssen in der richtigen, hier gezeigten, Richtung verlaufen.

91

Um diese Linien anzubringen, drehen Sie die Säge auf den Kopf, so daß die Kette in der Aufwärtsbewegung schneidet und so saubere Schnitte erzeugt.

Ein Bärenjunges, das aus einem Baumstumpf herauslugt – das ist die Skulptur, mit dem ich als Kettensäge-Schnitzlehrer die besten Ergebnisse erzielt habe. Wenn meine Schüler diese Schnitzerei erfolgreich gemeistert haben, fällt es ihnen leicht, den Rest der Körpers zu schnitzen. Bevor Sie mit der Arbeit beginnen, benötigen Sie folgendes Werkzeug und Zubehör:

1. Sicherheitshose
2. Sicherheitsbrille
3. Gehörschutz
4. Sicherheitsstiefel
5. Handschuhe
6. Kettensäge (30 bis 55 cm^3)
7. Schnitzschiene (30 bis 35 cm)
8. Kurze Werkbank o. Arbeitsklotz
9. Akku-Bohrschrauber
10. Holz- oder Schnellbauschrauben (75 mm)
11. Stammabschnitt (25 bis 30 cm Durchmesser, mindestens 50 cm lang)

Stellen Sie einen Stammabschnitt mit einem Durchmesser von 25 bis 30 cm Durchmesser hochkant auf Ihre Werkbank oder auf den Arbeitsklotz. Befestigen Sie Ihn mit Schrauben, die Sie um den gesamten Umfang herum einschrauben. Die Schrauben sichern den Stammabschnitt bei der Arbeit. Achten Sie auf die richtige Arbeitshöhe: Wenn der Arbeitsklotz zu niedrig ist, bekommen Sie Rückenschmerzen; wenn er zu hoch ist, ermüden Ihre Arme schneller als notwendig. ...

22

Schneiden Sie mit der Schwertspitze kurze, flache Vertiefungen.

23

Arbeiten Sie sich an der Wange hinunter. Die Schnitte liegen in diesem Gebiet dicht beieinander.

24

Arbeiten Sie dann nach hinten, auf das Ohr zu. Hier sollten die Schnitte etwas größer und weiter auseinander liegen. Ein gutes Foto eines Bären hilft Ihnen, eine realistische Fellstruktur zu erreichen.

25

Gehen Sie dann zum Hals über. Beachten Sie, dass die Schnitte gegeneinander versetzt sind, sodass ein Schnitt auf halber Höhe des vorigen beginnt, nicht an dessen Ende.

43

Legen Sie die Unterseite der Vorderbeine fest. Der Schnitt beginnt am Rücken und führt bis zur Mittellinie des Keilschnittes an der Vorderseite.

44

Entfernen Sie den Verschnitt unterhalb dieses Schnittes. Wiederholen Sie diese Schritte auf der anderen Seite der Skulptur.